OBSERVATIONS

SUR

LA DIVISION HYDROGRAPHIQUE

DU GLOBE,

Et Changemens proposés dans la NOMENCLATURE générale
et particulière de l'HYDROGRAPHIE;

AVEC CARTES.

APPLICATION

DU SYSTÈME MÉTRIQUE DÉCIMAL

A L'HYDROGRAPHIE

ET AUX CALCULS DE LA NAVIGATION;

Moyens pour en faciliter l'établissement,

ET TABLES À CET USAGE.

PAR C. P. CLARET FLEURIEU,

De l'Institut national des Sciences et des Arts, et du Bureau des Longitudes.

SECONDE ÉDITION.

A PARIS,

DE L'IMPRIMERIE DE LA RÉPUBLIQUE.

AN VIII.

Se trouve à PARIS,

Chez

BOSSANGE, MASSON et BESSON, Libraires, rue des Mathurins S. Jacques, à la Grille :

CHARLES POUGENS, de l'Institut national des Sciences et des Arts, Imprimeur-Libraire, Quai de Voltaire, N.° 10 :

DUPRAT, Libraire, Quai des Augustins, N.° 71.

EXTRAIT

Le C.en *FLEURIEU*, Membre du Bureau des Longitudes, ayant accompagné d'une *Carte générale*, la Relation qu'il a publiée du *Voyage de Marchand*, Navigateur marseillais, *autour du Monde*, a changé, dans cette Carte, la Division Hydrographique du Globe, et la Nomenclature générale et particulière de l'Hydrographie.

Un Mémoire détaillé accompagne la Relation : le C.en *FLEURIEU* y expose les motifs qui ont décidé les changemens qu'il s'est permis.

Le Bureau des Longitudes, après avoir entendu la lecture du Mémoire, a cru devoir nommer les C.ens *MÉCHAIN*, *BOUGAINVILLE* et *BUACHE*, Commissaires pour l'examiner et lui en rendre compte : et, d'après le Rapport de ses Commissaires, le Bureau des Longitudes approuve les changemens proposés par le C.en *FLEURIEU*.

Il est de toute évidence que l'Ancienne Division Hydrographique est inexacte, incomplète, et induit en erreur par son expression même. La Nouvelle donne une notion juste, claire, et présente à tous les Peuples, quelque position qu'ils occupent sur le Globe, des Dénominations également exactes.

A l'égard des changemens qui regardent les Terres inconnues aux Anciens, et dont la découverte est due à la Navigation moderne; ces changemens ont le mérite de rendre à chacun des *Découvreurs* ce qui lui est dû. La plus exacte impartialité a dicté la Nomenclature que propose le C.en *FLEURIEU* : Espagnols, Portugais, Hollandais, Français, Anglais, chaque Nation y retrouve les Noms donnés par ceux de ses compatriotes qui ont contribué à perfectionner la connoissance de la Terre.

En conséquence, le Bureau des Longitudes invite les Géographes et les Professeurs d'Hydrographie à prendre en considération et la Nouvelle Division Hydrographique et les autres changemens qui enrichissent la Carte du C.en *FLEURIEU*.

Signé *DELAMBRE*, Président; *LALANDE*, Secrétaire.

Pour Copie conforme à l'Original :
Signé *LALANDE*.

RAPPORT

Des C.^{ens} L A G R A N G E, L A P L A C E et D E L A M B R E, Commissaires
nommés par le B U R E A U D E S L O N G I T U D E S, pour examiner
un Ouvrage ayant pour titre : *Application du Système Métrique
Décimal à l'Hydrographie et aux Calculs de la Navigation ; Moyens
pour en faciliter l'établissement, et Tables à cet usage.* (Par C. P.
C L A R E T F L E U R I E U, Membre du Bureau des Longitudes, &c.)

———————

L'A U T E U R, après avoir parlé du S Y S T È M E M É T R I Q U E comme un
Savant qui en sent parfaitement tout l'avantage, et qui en desire
l'admission la plus prompte et la plus entière que permettront les usages
auxquels on peut l'appliquer, s'attache d'abord à prouver que les motifs
les plus impérieux, la sûreté de la Navigation et la conservation de
ceux qui s'y consacrent, font une nécessité de n'adopter le S Y S T È M E
D É C I M A L que simultanément dans toutes les Pratiques du Pilotage.
Malgré le juste empressement que l'on a de voir enfin établi par-tout
un Système qui doit tout simplifier, il est bien difficile de ne pas se
rendre aux raisonnemens de l'Auteur : un long usage a familiarisé les
Marins avec les méthodes qu'ils emploient actuellement ; leurs Livres,
leurs Cartes, leurs Instrumens, tous les moyens subsidiaires qu'on leur
a procurés, tiennent à l'Ancien Système ; la réunion de tous ces secours
leur est nécessaire à chaque instant ; et l'on doit bien se garder d'en
rien supprimer, si l'on ne veut alonger, d'une manière excessivement
incommode, ou même rendre tout-à-fait impraticables, des opérations
qui doivent presque toujours être exécutées dans un temps assez borné,
et desquelles dépendent la sûreté des Vaisseaux et la vie des Navigateurs.
Il seroit donc imprudent, pour ne pas dire impossible, de tenter par
parties un changement aussi grand, et qui d'ailleurs entraîne des conséquences aussi graves. Mais, si l'Ouvrage que nous analysons ne dissimule
aucune des difficultés que présente l'établissement des Nouvelles Mesures
dans la pratique de la Navigation, on voit, d'un autre côté, par les
soins que l'Auteur prend pour lever tous les obstacles, par les secours

qu'il fournit contre les difficultés du premier moment, que personne ne desire plus *sincèrement* l'adoption du Nouveau Système Métrique.

Pour que le Navigateur *sente* tout l'avantage de ce *Système*, il faut qu'on ait fait les changemens nécessaires aux Cartes et aux Instrumens qui lui servent à diriger et à mesurer sa route. Ces changemens seront l'ouvrage du temps et de quelque dépense; mais il y en a que l'Auteur regarde à-peu-près comme impossibles : tel est celui de la Division de la Boussole. Cette Division, adoptée par toutes les Nations, est toute binaire; elle ne s'éloigne donc pas plus du Système Décimal, d'après lequel on se propose de diviser tous les Instrumens nouveaux, qu'elle ne s'éloignoit de l'Ancien Système; d'ailleurs, elle n'entre dans aucun Calcul : on peut donc, sans inconvénient, laisser au Timonnier sa Rose des Vents divisée en 32 Rumbs, avec leurs noms consacrés par un usage aussi ancien qu'universel; mais, dans le Relèvement des Terres, on ne conservera que les quatre Points cardinaux, et l'on comptera 100 Degrés du Nord au Sud, vers l'Est ou vers l'Ouest : de sorte que la Manœuvre et le Commandement conserveront des Noms avec lesquels on est familiarisé, et que l'on seroit d'ailleurs toujours obligé de garder pour entendre les autres Nations et se faire entendre d'elles : on verra cependant le *Système* Décimal régler toutes les Opérations, tous les Calculs qui seront conservés dans les Journaux.

A la Lieue Marine et au Mille Marin, les deux grandes Mesures Itinéraires des Navigateurs, l'Auteur propose de substituer le Myriamètre et le Kilomètre : ce dernier est égal à la Minute Décimale, et l'autre équivaut, par conséquent, à 10 de ces Minutes. Ce choix est le plus naturel qu'on pût faire; et la Conversion des Mesures Itinéraires en Degrés, ou réciproquement, sera de la plus grande simplicité : c'est une des considérations qui ont fait préférer le Quart du Méridien à toute autre Mesure fondamentale prise dans la Nature.

Passant ensuite aux Mesures *d'Estime*, que les Navigateurs ont coutume de faire à la simple vue, il leur conseille, au moins pour les premiers temps, et jusqu'à ce qu'ils aient pu contracter de nouvelles habitudes, d'employer dans cette Estime le DEMI-MYRIAMÈTRE, qui ne diffère de la LIEUE MARINE que de $\frac{1}{9}$, qu'il faut ajouter à la moitié du nombre estimé de *Lieues Marines* : et, dans la pratique, il suffit d'ajouter $\frac{1}{10}$, vu le peu de précision dont ces *Estimes* sont susceptibles.

L'Auteur donne ensuite un moyen analogue pour convertir de tête, en KILOMÈTRES, les MILLES MARINS estimés.

Au reste, ces méthodes n'ont pour objet que de donner, dans l'instant même, des aperçus suffisans : pour consigner une Observation de ce genre dans le Journal, on fera plus exactement la Conversion au moyen des TABLES qui sont à la fin de l'Ouvrage.

UNE question plus importante et plus difficile, est la DIVISION de la LIGNE DE LOC. On a proposé que l'AMPOULETTE fût de 40 Secondes de Temps *Décimal*, et le Nœud, d'un Décamètre : alors, un Nœud en 40 Secondes indiqueroit une Vîtesse de deux Kilomètres et demi par Heure *Décimale*.

L'Auteur préfère une Ampoulette de 50 Secondes *(Décimales)* avec un Nœud de 5 Mètres qui représenteront un Kilomètre par Heure. Si le Temps de l'Observation paroît trop long, on pourra employer, dans le cas d'un mouvement rapide, une Ampoulette de 25 Secondes ; alors, chaque Nœud représentera deux Kilomètres par Heure.

On pourroit demander s'il est bien nécessaire qu'il existe un rapport aussi simple entre le Nœud et le Mètre. Le Nœud actuel est de 47 Pieds $\frac{1}{2}$, ce qui n'est un multiple ni du Pied, ni de la Toise, ni de la Brasse, ni d'aucune Mesure usuelle : jamais la longueur absolue du Nœud n'entre dans un Calcul : le nombre des Nœuds qui passent en un Temps donné, fait connoître l'Espace parcouru par le Vaisseau dans le même Temps : le rapport de l'Ampoulette à l'Heure est le même que celui du Nœud au Chemin Horaire : il convient d'exprimer le Chemin Horaire en un nombre rond de Mètres : alors, si le Nœud est un sous-multiple exact de ce nombre, il faut que l'Ampoulette soit un sous-multiple pareil de l'Heure ; mais il n'y a pas grand besoin que le rapport soit aussi simple ; il suffit que les deux rapports soient égaux, ce qui laisse la liberté de prendre pour l'Ampoulette une Fraction arbitraire de l'Heure, pourvu que le Nœud soit une Fraction pareille du Kilomètre. Rien n'empêcheroit que l'*Ampoulette* ne continuât d'être un nombre de Secondes Sexagésimales : par-là, on se rendroit indépendant des changemens qui se feront long-temps attendre dans l'Horlogerie et la Division du Jour.

CECI nous mène à une Opération qui revient à chaque instant dans la Navigation, je veux dire la CONVERSION du TEMPS en DEGRÉS, et celle des DEGRÉS en TEMPS. L'Opération est à-peu-près également simple dans les deux Systèmes, quand on emploie les Heures Anciennes avec les Degrés Anciens, ou les Heures Décimales avec les Degrés Décimaux ; mais, si l'on conserve la Division du Jour en 24 Heures, en admettant celle du Cercle en 400 Degrés, la Conversion sera plus compliquée : l'Auteur donne des TABLES pour la faciliter, et il les accompagne d'un précepte encore assez simple pour que les Navigateurs puissent se passer de TABLES.

L'AUTEUR passe ensuite à l'ENCÂBLURE, à laquelle il propose de donner 200 Mètres ; et à la LIGNE DE SONDE, qu'on avoit proposé de diviser de deux en deux Mètres. Mais il observe que ce dernier changement nous feroit perdre un avantage précieux : il n'y a aucun danger à se tromper *en moins* dans ce genre de Mesure, c'est-à-dire, à supposer à la Mer moins de profondeur qu'elle n'en a réellement : il y en auroit beaucoup, au contraire, à lui en supposer *trop*. Notre Brassiage étant actuellement plus petit que celui des autres Nations, nous ne risquons jamais rien à employer le Brassiage étranger comme s'il étoit exprimé en Mesure française : pour nous conserver cet avantage, l'Auteur est d'avis de diviser la Ligne de Sonde de Mètre en Mètre.

CE N'EST pas tout encore que d'avoir mis le Marin en état d'exécuter toutes ses Opérations dans le Nouveau Système, et avec les Livres, les Cartes et les Instrumens qu'on lui procurera ; il faut lui conserver les moyens d'entendre les Voyages et les Cartes des Étrangers : il y a bien des Livres que l'on ne réimprimera pas, et qu'il seroit fâcheux de rendre entièrement inutiles. Pour obvier à ces inconvéniens, l'Auteur propose d'accoler sur les Cartes, les Échelles Sexagésimales aux Échelles Décimales de Longitude et de Latitude, comme on met sur les Cartes actuelles, des Échelles de Longitude relatives à différens Méridiens; de mettre aussi des Échelles de Lieues Marines et de Milles Marins à côté des Échelles Métriques, comme on voit déjà des Échelles composées qui offrent les Mesures Itinéraires des diverses Nations. Ces idées, aussi simples qu'utiles, ne pouvant donner lieu à aucune objection fondée, nous ne nous y arrêterons pas davantage. ·

L'Ouvrage est terminé par des Tables pour la Conversion réciproque de toutes les Mesures employées jusqu'ici à la Mer, et de toutes celles que l'Auteur propose d'y substituer. Ces Tables ont une étendue suffisante pour la Pratique; mais, en faveur de ceux qui, dans des cas assez rarés, souhaiteroient plus de précision, l'Auteur a donné les Rapports exacts sur lesquels il a construit ses Tables, toujours plus ou moins approximatives; il y a joint des exemples détaillés de leur usage : en sorte qu'il ne manquera rien au Marin qui voudra de bonne foi pratiquer le Nouveau Système Métrique, et qu'il ne restera aucun prétexte spécieux à celui que la paresse ou l'indifférence retiendroit dans l'ancienne Routine.

Lu au Bureau des Longitudes dans la Séance du quatre Floréal, An huit de la République française.

Signé Lagrange, Laplace; Delambre, Rapporteur. ·

Approuvé par le Bureau des Longitudes, pour être expédié comme Arrêté définitif, le 4 Floréal An huit.

Signé Messier, Ex-président; Lalande, Secrétaire.

OBSERVATIONS

OBSERVATIONS

SUR

LA DIVISION HYDROGRAPHIQUE

DU GLOBE,

Et Changemens proposés dans la NOMENCLATURE générale
et particulière de l'HYDROGRAPHIE.

[Lues à l'Institut national des *Sciences et des Arts*, Classe des Sciences morales et
politiques, dans les Séances des 22 et 27 Floréal An VII, et, par Extrait, dans la
Séance publique du 15 Vendémiaire An VIII. — Lues aussi dans la Séance du
19 Brumaire An VIII, au Bureau des Longitudes, qui a nommé des Commissaires
pour lui en faire un Rapport.]

L A RELATION DU *VOYAGE AUTOUR DU MONDE*, fait en 1790-
91 et 92, par le Capitaine ÉTIENNE MARCHAND [a], que je
viens de publier, a paru accompagnée d'une *Carte des Parties
connues du Globe terrestre, entre le 70.ᵉ Parallèle au Nord et le
60.ᵉ au Sud*, sur laquelle j'ai inscrit les principaux changemens
qu'il me paroît utile de faire dans la Division hydrographique du
Globe, ainsi que dans la Nomenclature générale et particulière
de l'Hydrographie; j'ai d'ailleurs indiqué dans un Mémoire qui
se trouve à la suite du même *VOYAGE*, le surplus des changemens qui doivent compléter la nouvelle Nomenclature : mais,
plusieurs Navigateurs, plusieurs Savans, m'ayant témoigné qu'ils

* Paris, Imprimerie de la République, An. VI, VII et VIII ; 3 vol. in-4.°, où
5 vol. in-8.°, et 1 vol. in-4.°, gr. pap. commun aux deux Éditions.

.A

desiroient de les voir tous réunis sur une même Carte, je n'ai pas hésité à me rendre à cette invitation; et la Carte générale du *VOYAGE DE MARCHAND*, qui se trouve dans cette nouvelle Édition du Mémoire, a été disposée de manière à offrir l'ensemble des Dénominations qu'il m'a paru convenable de substituer à quelques-unes de celles qui sont communément employées: j'y ai joint la *Carte particulière d'une partie du GRAND-OCÉAN ÉQUINOXIAL*. Il n'étoit pas possible de faire entrer dans la première des détails que ne comporte pas la petitesse de l'Échelle; mais il n'est aucun Hydrographe qui, voulant construire sur une Échelle plus grande, quelque portion de Côte, ne puisse juger au premier coup-d'œil, quelle Qualification doit être donnée à chaque accident du Littoral, et quel Nom y doit être attaché: il lui suffira de consulter les principes discutés dans ce Mémoire, et d'en faire l'application.

MON premier objet, dans les changemens que je me suis permis, a été de ramener la Division hydrographique, la Division des Mers, à des principes pris dans la Nature, et de réformer les Qualifications, les Désignations, les Dénominations vicieuses, que le hasard des circonstances, une prédilection de Territoire, et le plus souvent l'ignorance, ont fait imposer aux différentes portions de la grande masse des Eaux.

Le second est de rectifier la Nomenclature de l'Hydrographie; de désigner chaque portion du Littoral des deux Continens par la Qualification qui lui convient; de rétablir les Dénominations particulières qui fixent les Époques des Découvertes et rappellent les Noms des *Découvreurs*; de rendre enfin à chaque Nation maritime la part qu'elle peut réclamer dans la Reconnoissance du Globe terrestre.

Vices des Dénominations usitées pour la Division des MERS. — LES DÉNOMINATIONS particulières qu'ont reçues les différentes portions de la masse générale des Eaux qui embrassent l'un et l'autre Continent, doivent, pour la plupart, leur origine, ou à la situation de ces parties, relativement aux portions de la Terre voisines de l'OCÉAN, qui furent civilisées les premières, ou à la Route que tinrent les Navigateurs qui successivement découvrirent les MERS. Les Européens qui ont tout fait à cet égard, ont rapporté tout à l'EUROPE ; et, selon eux, le Monde entier doit aboutir à ce centre : ainsi, ils ont appelé *OCÉAN OCCIDENTAL,* la partie de l'OCÉAN qui est située à l'Occident par rapport à l'EUROPE [a]. Mais, depuis qu'à l'Occident de cet OCÉAN, il existe à notre connoissance une autre Terre ; depuis que l'EUROPE et l'AFRIQUE y ont successivement versé une partie de leur population ; exigerons-nous des hommes qui l'habitent, qu'ils donnent le nom d'*OCÉAN OCCIDENTAL,* d'Océan où le Soleil se couche *[Sol occidens],* à la MER où ils voient le Soleil se lever *[Sol oriens]!*

A mesure que nous nous sommes élevés par la Navigation, vers le Nord ou vers le Sud [b], dans cette étendue de Mer qui laisse à l'Orient les Côtes Occidentales de l'Ancien Continent,

---

[a] Je m'attache aux Dénominations qui sont le plus généralement employées sur les Cartes françaises : il seroit trop long et superflu de rapporter toutes celles qui ont été adoptées en différens temps en *France* et ailleurs ; chaque Nation en emploie qui lui sont particulières.

On lit dans l'*Encyclopédie,* Édit. de *Paris,* in-f.°, au mot *Atlantique,* ce qui suit : « OCÉAN ATLANTIQUE. C'est ainsi qu'on appeloit autrefois, et qu'on nomme quelquefois aujourd'hui, cette partie de l'Océan *qui est entre l'Afrique et l'Amérique, et qu'on désigne plus ordinairement par le nom de MER DU NORD* ». (Art. de *d'Alembert.*)

Plus le nom attaché à cet article est respectable, plus il est imposant, et plus on doit faire remarquer la disparate que produit la Dénomination qui y est annoncée comme étant *le plus ordinairement employée.*

Suivant cet Article, la *Mer du Nord* est celle qui baigne, d'un côté, les Côtes de l'*Amérique,* et de l'autre, celles de l'*Afrique,* c'est-à-dire, la partie des Côtes Occidentales de l'Ancien Continent qui se trouve située entre 35 degrés de Latitude Nord et 35 degrés Sud : ainsi, c'est dans la *Mer du Nord* que l'on doit chercher le Cap de *Bonne-Espérance,* situé par 34 degrés de *Latitude Sud.*

[b] Il est d'usage de dire que l'on *s'élève* en Latitude, à mesure que l'on

.A 2.

nous avons imposé aux portions découvertes, des Noms analogues à la Route que nous avions tenue pour y parvenir; et nous avons nommé la partie du Nord, *OCÉAN SEPTENTRIONAL;* celle du Sud, *OCÉAN MÉRIDIONAL.* Mais ces Dénominations n'appartiennent pas plus à l'espace de Mer qui sépare l'EUROPE et l'AFRIQUE de l'AMÉRIQUE, qu'à la partie qui, répandue également au Sud et au Nord de la Ligne Équinoxiale, sépare l'AMÉRIQUE de l'ASIE. Ces Dénominations, sans doute, sont exactes relativement à la place que nous occupons sur le Globe, et elles devroient être admises, s'il n'existoit pas d'autres MERS que celles qui bornent notre Continent à l'Occident, ni d'autres Terres que celles que nous habitons; mais, comme d'autres Terres existent plus au Nord et plus au Sud que les espaces de Mer que nous appelons *OCÉAN SEPTENTRIONAL* et *OCÉAN MÉRIDIONAL,* ces Dénominations génériques ne peuvent pas être attachées spécialement, privativement, et sans modifications, aux espaces qui sont situés au Nord et au Sud par rapport à l'EUROPE.

s'éloigne de l'Équateur vers l'un ou l'autre Pôle : cette expression, sans doute, n'est pas exacte en Physique, puisque la Terre est moins élevée aux Pôles qu'à l'Équateur; mais il est probable que la désignation de *Latitudes élevées, hautes Latitudes,* s'est introduite parce que la Latitude ou la Hauteur du Pôle, est *zéro* sous la Ligne Équinoxiale, et qu'on la voit s'accroître, et s'élever *numériquement,* à mesure qu'on s'éloigne de l'Équateur.

On ne dit pas de même s'élever en Longitude, de quelque Méridien que l'on commence à compter. S'il n'existoit aucun moyen de déterminer le progrès qu'un Vaisseau a fait vers l'Est ou vers l'Ouest, le Navigateur ne pourroit en juger que par la différence qu'il observeroit dans l'Heure du lever et du coucher des Astres : aucun changement dans le tableau du Firmament ne lui indique qu'il a changé de place sur le Globe.

Les Dénominations de Latitude et Longitude, *Latitudo* et *Longitudo,* doivent paroître peu convenables quand il s'agit d'un globe, d'une boule, qui n'a ni *Largeur* ni *Longueur;* mais ces expressions convenoient à la Navigation des Anciens, circonscrite long-temps dans notre *Méditerranée* dont la longueur, *longitudo,* se porte de l'Orient au Couchant, tandis que la largeur, *latitudo,* se porte du Septentrion au Midi. Les Modernes ont adopté ces Dénominations telles qu'ils les ont reçues, sans examiner

Avant que l'Amérique eût été découverte, nous naviguions à l'Occident de notre Continent, et nous ignorions s'il existoit des Terres plus à l'Occident encore [a], et quelles étoient les limites de notre Océan dont nous ne connoissions qu'un espace très-circonscrit. Mais, lorsque Magalhaens que nous nommons Magellan, eut poussé la Navigation jusqu'aux Latitudes élevées de l'Hémisphère Austral, et qu'il eut franchi le Détroit qui a retenu son nom, un nouvel Océan s'ouvrit devant lui; et cet Océan, trois fois plus large que celui que nous connoissions, comme celui-ci s'étend d'un Pôle à l'autre. Cet Océan fut nommé *Mer du Sud* ou *Mer Pacifique*. Il seroit difficile de se rendre raison de cette première Dénomination de *Mer du Sud*; car, en passant de l'ancien Océan dans ce nouveau, soit que l'on y entrât par le Détroit de Magellan, ou que l'on y parvînt en remontant dans le Nord, après avoir doublé le Cap de Horn, on ne changeoit pas de Latitude; la partie de Mer où l'on entroit n'étoit pas plus la *Mer du Sud*, et elle

si elles convenoient également à toutes les Mers; et le temps les a consacrées.

Il étoit pardonnable, sans doute, aux Anciens, d'employer des Dénominations qui ne convinssent qu'à cette portion du Globe qu'ils connoissoient; mais la connoissance de toutes ses parties, que nous avons acquise par notre Navigation, ne nous permet pas de généraliser ces Dénominations : souvent, nous employons, sous quelque Zone que nous nous trouvions placés, la Dénomination de *Midi* au lieu de *Sud;* et ces deux mots ne sont pas toujours synonymes. *Midi [Media dies]* désigne le côté de la Terre où l'on voit le Soleil à l'instant où il passe au Méridien, le côté opposé à celui vers lequel l'ombre se porte à

midi; mais, dans les Pays situés au *Sud* du Tropique du *Capricorne,* le Soleil, à l'instant de midi, est toute l'année au *Nord* de l'Observateur : on ne peut donc pas dire, par exemple, quoique l'expression se trouve fréquemment employée dans les Relations de Voyages, on ne peut pas dire, d'un Vaisseau qui navigue dans les Mers *Australes,* d'un Voyageur qui visite les Patagons, que tel jour il se dirigeoit au *Midi;* on doit dire qu'il faisoit route au *Sud :* car il n'avançoit pas vers son *Midi* qui, pour lui, se trouvoit au *Nord*.

[a] Je fais abstraction des petites Terres jetées dans l'intervalle qui sépare le Nouveau Continent de l'Ancien, telles que les *Canaries,* les *Açores,* &c., dont

étoit même moins Méridionale si l'on avoit doublé le Cap de HORN, que la partie de Mer d'où l'on sortoit : et cependant tous les Navigateurs, sans s'apercevoir qu'ils emploient une expression inexplicable, vous disent dans leurs Relations, en parlant de leur passage de l'ancien OCÉAN dans le nouveau : A telle époque, le Vaisseau passa de la *MER DU NORD* dans la *MER DU SUD* [a].

La Dénomination de *MER PACIFIQUE* n'est pas mieux fondée en raison, ni plus admissible. Les Espagnols, qui les premiers naviguèrent sur cette Mer dans leurs passages habituels du MEXIQUE au PÉROU et du PÉROU au MEXIQUE, sans jamais s'éloigner des Côtes, n'éprouvoient que des Brises légères, des Vents sur l'eau ; souvent même, ils étoient arrêtés par ces Bonaces, ces Calmes si communs sous la Zone Torride dont ils ne dépassoient pas les limites ; et, persuadés que, sur toute l'étendue qu'ils ne connoissoient pas, qu'à toutes les hauteurs, et dans toutes les saisons, les Vents impétueux ne devoient jamais troubler la tranquillité de la grande MER qui a l'AMÉRIQUE à l'Orient, ils consacrèrent leur opinion et leur erreur par le nom qu'ils lui imposèrent : elle fut appelée *EL MAR PACIFICO* [b] ; et cette Dénomination de *MER PACIFIQUE*, qui n'appartiendroit tout au plus qu'à une partie de la Bande Équinoxiale, est devenue synonyme de la première Dénomination de *MER DU SUD*, qui appartient

---

la découverte est antérieure à celle de l'*Amérique*.

[a] Cette expression vicieuse des Navigateurs peut avoir donné lieu à l'erreur de l'*Encyclopédie*, qui a été relevée dans la Note [a] de la Page 3.

On connoît un Ouvrage de NICOLAS DE L'ISLE (l'Astronome), sous le titre de : *Explication de la Carte des nouvelles Découvertes du NORD de la MER DU SUD* : un autre de PHILIPPE BUACHE : *Considérations sur les nouvelles Découvertes AU NORD de la grande MER DU SUD* : et ces Découvertes dans la *Mer du Sud* appartiennent aux Côtes de l'*Amérique* situées entre le 53.e et le 60.e degré de Latitude *Nord!* Je pourrois citer mille autres exemples tirés d'Ouvrages encore plus modernes et non moins estimés.

[b] Voyez *Relation del Viage a la America Meridional*, &c., par D. *Jorge Juan y D. Antonio de Ulloa.* T. 3.re, 2.da Part. p. 275-276. *En Madrid*, 1748, in-f.°

également à toutes les MERS AUSTRALES : on l'étend de l'un à l'autre Pôle ; et, sous le Cercle polaire du *NORD*, on est encore dans la *MER DU SUD*.

Il suffit sans doute de ce rapprochement, pour prouver l'inconvenance, l'incongruité de ces Dénominations qui présentent à l'esprit des idées aussi fausses, que les expressions en sont anti-géographiques. Mais il ne doit plus être permis d'en faire usage, depuis que l'expérience nous a appris que cette *MER* prétendue *PACIFIQUE* est sujette, comme toutes les autres, aux vicissitudes du Beau temps, du Calme et de la Tempête, suivant les hauteurs, suivant les saisons ; et depuis que nous savons que cette même MER qui, sous le nom de *MER DU SUD*, se répand sur près de la moitié de la circonférence du Globe entre les Côtes Occidentales du Nouveau Monde et les Côtes Orientales de l'Ancien, est illimitée du côté du NORD où, pour former la calotte de notre Pôle, elle va confondre ses eaux avec celles de la partie de l'OCÉAN qui sépare l'EUROPE et l'AFRIQUE du vaste Continent de l'AMÉRIQUE.

DANS une autre Partie de la Terre, un grand Golfe qui est borné à l'Ouest par les Côtes Orientales de l'AFRIQUE, au Nord, par l'INDOSTAN, l'ARABIE et le BENGALE, à l'Est, par le grand Archipel d'ASIE, et où nos Navigateurs ne parvinrent qu'après avoir parcouru soixante-dix degrés de Latitude vers le *Sud,* fut nommé *OCÉAN ORIENTAL.* Les Européens, sans doute, ont pensé que, puisque l'ASIE est à l'*Orient* par rapport à eux, une MER qui baigne une partie de l'ASIE devoit être qualifiée d'*Orientale ;* mais, en voulant, suivant leur coutume, rapporter tout uniquement à eux, à leur Pays, ils n'ont pas vu que cette qualification, qui pourroit seulement convenir à la situation de quelqu'une des Parties de l'Ancien Continent, ne convient nullement à l'égard de l'EUROPE : en effet, cet *OCÉAN ORIENTAL,* pris à son milieu, est situé dans le *Sud-Est,* et conséquemment autant dans le *Sud* que dans l'*Est* de nos Contrées ; et même les Côtes qui le bornent à l'Occident, et par lesquelles nous y sommes parvenus, sont moins *Orientales* que la grande moitié de l'EUROPE, pour laquelle il seroit plutôt *OCÉAN MÉRIDIONAL*. Il ne pourroit être l'*OCÉAN ORIENTAL* que par rapport à l'AFRIQUE, c'est-à-dire, pour une seule des trois Parties de l'Ancien Continent. Mais si l'on considère la Presqu'île de MALAYE, dont les habitans sont vraisemblablement les plus anciens Navigateurs du Monde; si l'on veut ne pas oublier l'immense Empire de la CHINE et celui du JAPON; ces INDES si étendues, si riches, et peut-être le berceau du Genre humain; ce grand Archipel qui se développe dans le Sud-Est de l'ASIE, et cette grande île de la NOUVELLE-HOLLANDE qui égale en surface plus de la moitié de l'EUROPE; on conviendra que cette Dénomination d'*OCÉAN ORIENTAL* ne peut convenir à aucune de ces vastes portions du Globe : et cet OCÉAN, ou plutôt ce GOLFE, seroit, pour les Peuples qui occupent les Régions de l'Orient, une MER *OCCIDENTALE* à l'égard des uns, et *MÉRIDIONALE* à l'égard des autres.

LE GÉOGRAPHE ne doit appartenir ni à un Continent ni à l'autre; il doit, pour ainsi dire, planer sur le Globe, et, en le voyant tourner au-dessous de lui, attacher à chaque partie de l'OCÉAN qui environne de ses eaux les deux Masses terrestres, des Dénominations qui puissent convenir également aux situations différentes de toutes les Contrées, et à tous les Peuples de la Terre. Effaçons donc sans ménagement, des Noms que l'ignorance, le hasard, les circonstances, le préjugé territorial, ont introduits; des Noms que le temps et l'habitude sembloient autoriser, mais que ni l'habitude ni le temps, qui ne justifient pas ce qui est absurde et incongru, ne peuvent avoir consacrés de manière à les rendre indélébiles.

Vue générale du Globe terrestre.

QUAND on considère le Globe terrestre sous un point de vue général, on voit que la portion de sa surface qui fut destinée à être l'habitation des Hommes, est partagée en deux Continens,

en

en deux grandes Iles, dont l'une comprend dans ses limites, l'EUROPE, l'ASIE et l'AFRIQUE, et l'autre présente les deux AMÉRIQUES liées par un Isthme étroit qui résiste à l'action continue des Eaux : je ne parle pas des îles formées en groupes ou éparses, qui se trouvent jetées dans les intervalles ; ce ne sont pas des limites de l'OCÉAN : quelques-unes ont été détruites ; d'autres sont nouvelles : d'autres croissent et s'augmentent ; la plupart ne sont, en quelque sorte, que des Points dans l'Espace. L'OCÉAN *(Oceanus pater rerum* [a]*), dont les bras ceignent la Terre,* dit le Prince des Poëtes [b], environne l'un et l'autre Continent de l'immensité de ses eaux, tandis que le grand Astre les attire, les forme en nuages, pour les verser en pluies et en rosées fécondantes sur la Terre, d'où, rassemblées dans le lit des Fleuves, elles retournent à l'OCÉAN. L'OCÉAN est un, universel ; ses eaux, d'un Pôle à l'autre, et sur toute la circonférence du Globe, se communiquent et se maintiennent en équilibre : et, si elles sont resserrées dans le Nord entre l'EUROPE et l'AMÉRIQUE, et plus encore entre l'AMÉRIQUE et l'ASIE, elles se rejoignent et se confondent sur la calotte du Pôle Arctique ; tandis que, dans l'Hémisphère Austral, où les grandes Terres sont situées à d'immenses distances les unes des autres, aucun Détroit ne gêne la libre et entière communication des MERS.

La Dénomination d'OCÉAN est donc une Dénomination collective, comprenant l'universalité des Eaux qui embrassent les deux Continens : le Globe terrestre ne présente proprement que DEUX ILES et UN OCÉAN. Mais comme, pour la facilité de s'expliquer et de s'entendre, on a subdivisé les deux grandes Iles de la Terre en différentes Parties auxquelles on a appliqué des Noms distinctifs ; il est nécessaire de diviser de même l'OCÉAN, et d'attacher à chacune des Divisions un Nom qui indique sa situation déterminée à l'égard des PÔLES et de l'ÉQUATEUR : c'est, ce me semble,

[a] *Oceanumque patrem rerum,* &c. VIRG. Georg. Lib. IV.
[b] *Odyssée,* Ch. III.

l'unique manière d'établir une Nomenclature invariable, indépendante des hommes et des événemens, et qui convienne également à tous les Temps, à toutes les Contrées, à tous les Peuples.

LA DISPOSITION des Terres sur le Globe nous présente d'abord deux grandes Divisions de l'OCÉAN.

La première est cette partie de Mer, la plus anciennement connue, qui, d'une part, baigne les Côtes Occidentales de l'Ancien Continent, depuis le Cap NORD, le *FINISTÈRE* de l'EUROPE, jusqu'au Cap de BONNE - ESPÉRANCE, le *FINISTÈRE* de l'AFRIQUE; et de l'autre, les Côtes Orientales de l'AMÉRIQUE, depuis les Terres connues du GRÖENLAND, jusqu'au Cap de HORN, le point du Nouveau Continent le plus avancé dans l'Hémisphère Austral où il se porte à 21 degrés plus haut que le Continent ancien.

Je nommerai cette première Division OCÉAN ATLANTIQUE.

Ce nom d'ATLANTIQUE, consacré par l'Antiquité, employé long-temps par les Historiens et les Cosmographes, et remis en honneur par quelques Géographes modernes, mérite d'être conservé : on peut croire qu'il est lié, en quelque sorte, à l'origine du Monde. Ce n'est pas ici le lieu d'examiner si PLATON, dans ses *Dialogues* de *Timée* et de *Critias*, lorsqu'il raconte l'histoire de la fameuse île ATLANTIQUE [a], a rapporté en effet une Tradition que SOLON avoit reçue des Prêtres d'ÉGYPTE : ou s'il n'a voulu qu'intéresser les Athéniens, et mettre à profit cet intérêt pour leur donner d'utiles conseils sous le voile d'une ingénieuse fiction : il est également étranger à mon objet, de rechercher si la Mer qui baigne les Côtes Occidentales de l'AFRIQUE a reçu son nom de cette île ATLANTIQUE; ou si, comme le pensent la plupart

[a] Cette Ile, qui est aussi connue sous le simple nom d'*Atlantide*, n'est pas la patrie des *Atlantes* qui tirèrent leur nom du *Grand Atlas*, et dont les hauts faits remplissent les premières pages de l'Histoire des Hommes, si l'on peut commencer à appeler *Histoire* ce que nous croyons apercevoir à travers les épaisses ténèbres qui enveloppent le berceau du Monde.

des Géographes, elle le doit au voisinage de l'ATLAS : mais il-
est certain que les Anciens connoissoient une MER au-delà des
COLONNES d'HERCULE [a] qui forment le DÉTROIT DE GADES
entre les Montagnes CALPÉ et ABYLA, et que cette MER, ils la
nommoient ATLANTIQUE [b]. C'est cette MER ATLANTIQUE, quelle
que soit l'origine de son nom, que, fort de ses méditations,
et guidé par l'Aiguille aimantée, traversa hardiment l'immortel
COLOMBO, dans l'espoir de s'ouvrir *par l'Occident* une Route aux
INDES ORIENTALES, à ces Régions d'où tant de richesses com-
mençoient à couler vers l'EUROPE, et où les Portugais, sous la
conduite de GAMA, avoient déjà pénétré *par la Route de l'Orient :*
cette chimère ne se réalisa pas ; mais COLOMBO et l'EUROPE en
furent amplement dédommagés par la Découverte d'un Monde
nouveau que les Anciens ne soupçonnèrent pas ; à moins que nous
ne voulions admettre que le Poëte SÉNÈQUE a pu exprimer l'opinion des Philosophes de son temps, lorsque, dans les Vers pro-
phétiques débités par un des Chœurs de sa Tragédie de MÉDÉE
en l'honneur des Héros Navigateurs, il présage et prédit des
Découvertes qui, dans les siècles attendus, feront connoître de

[a] Les Anciens avoient donné le nom de *Colonnes d'Hercule* à plusieurs Caps, Promontoires et Détroits, situés en dif-férens lieux ; mais on ne peut pas dou-ter qu'en désignant la position de son *Atlantide* par-delà les *Colonnes d'Hercule,* *Platon,* qui parloit à des Grecs, n'en-tendît leur indiquer le Détroit de notre *Méditerranée* que nous nommons au-jourd'hui *Détroit de Gibraltar.*

[b] Les Cosmographes qui ont donné le nom d'*Atlantique* à la partie de l'*Océan* comprise entre les Côtes Occidentales de l'Ancien Continent et les Côtes Orientales du Nouveau, ne sont pas d'accord sur les bornes de la Mer à la-

quelle ils appliquent ce nom. Quelques-uns ne l'entendent que de ce qui est à l'Occident de l'*Afrique,* depuis le Dé-troit de *Gades [de Gibraltar]* en descen-dant vers le Midi, jusqu'au point de la Côte auquel ils supposent que les An-ciens étoient parvenus : d'*Anville,* dans sa Carte de l'*Orbis Veteribus notus* (à la suite de sa *Géographie ancienne abrégée,* Édit. de 1769), fait commencer son *Atlanticum Mare* au *Promontorium Sa-crum* [le Cap *Saint-Vincent*], et lui fait comprendre toute la partie de la Côte d'*Afrique* que les Anciens connoissoient jusqu'au *Theon Ochema,* ou *Currus Deo-rum Mons* [la Montagne du Char des

4.e Division, le GRAND OCÉAN.

NOUVEAUX MONDES, et reculeront les bornes de la Terre [a].

LA SECONDE Division qui se présente, à l'inspection du Globe, est cette immense MER qui a pour limites : d'un côté, les Côtes Occidentales de l'AMÉRIQUE, depuis le Cap de HORN, à 56 degrés de Latitude Australe, jusqu'au DÉTROIT DE BERING, qu'une fable surannée a fait long-temps nommer le DÉTROIT D'ANIAN, et qui sépare les deux Mondes sous le Cercle polaire Arctique ; de l'autre, les Côtes Orientales de l'ASIE et de l'AFRIQUE, depuis ce Détroit du Nord jusqu'au Cap de BONNE-ESPÉRANCE, à 34 degrés Sud : les eaux de cette partie de l'OCÉAN se répandent de l'Est à l'Ouest, sur un espace de 3400 Lieues marines, à-peu-près la demi-circonférence de la Terre.

J'appellerai cette seconde Division le GRAND OCÉAN par excellence : et sans doute cette Dénomination paroîtra lui mieux convenir que la Dénomination impropre, je dirois presque absurde, de *MER DU SUD* ou *MER PACIFIQUE* qui n'est ni plus *Pacifique* ni plus *Sud* que d'autres. C'est ce GRAND OCÉAN qu'ont traversé en différens sens, et que nous ont fait connoître les Navigateurs à jamais célèbres dans l'Histoire de la Navigation

---

Dieux], qui peut être notre *Sierra-Leone* ; mais *de l'Isle*, dans sa Carte du *Monde connu aux Anciens*, étend la *Mer Atlantique* à l'Occident de l'*Europe*, le long des Côtes de *Portugal*, d'*Espagne*, de *France*, et même des *Iles Britanniques* : d'autres nomment *Océan Atlantique*, la portion de Mer située entre les deux Continens, depuis la *Mer Glaciale* du *Nord* jusqu'à la *Ligne Équinoxiale* : pourquoi ne seroit-il pas permis d'étendre cette Dénomination à toute la partie de l'*Océan* qui a pour bornes, à l'Orient, les Côtes Occidentales de l'*Europe* et de l'*Afrique*, et à l'Occident, les Côtes Orientales des deux *Amériques !*

[a]
Venient annis sæcula seris,
Quibus Oceanus vincula rerum
Laxet, et ingens pateat tellus,
Thetysque novos detegat Orbes ;
Nec sit terris ultima Thule.

SENEC. in Medeâ. *Act. II. Chorus.*

Si l'on accorde aux Poëtes *[Vates]* le don de Prophétie *[Vaticinium]* que l'Antiquité fut tentée de leur attribuer ; ce vers de *Virgile* :

Alter erit tùm Typhis, *et altera quæ vehat* Argo *Delectos heroas,*   (Bucol. Eclog. IV.)

ne pourroit-il pas nous présenter le *Typhis* moderne, *Colombo,* conduisant les Argonautes castillans à la conquête des Mines d'Or !

moderne, MAGALHAENS, MENDAÑA, DRAKE, QUIROS, LE MAIRE et SCHOUTEN, TASMAN, DAMPIER, ROGGEWEEN, BYRON, WALLIS, CARTERET, BOUGAINVILLE, COOK, LA PÉROUSE, BLIGH, MARCHAND, VANCOUVER, sans parler de plusieurs autres Navigateurs de différentes Nations, qui, moins heureux, ou moins habiles dans leur traversée du GRAND OCÉAN, ou même dans leur Circonnavigation du Globe, n'ont signalé leur Route par aucune Découverte [a].

POUR SUBDIVISER ces deux grandes Divisions des Eaux, je considérerai les Divisions mêmes du Globe terrestre, partagé en différentes Zones correspondantes aux Cercles de la Sphère céleste; et les Subdivisions de l'OCÉAN prendront aussi leurs limites dans le Ciel.

Ainsi, la partie de l'OCÉAN ATLANTIQUE, comprise entre le Cercle polaire Arctique et le Tropique du Cancer ou Tropique du Nord, sera nommée OCÉAN-ATLANTIQUE SEPTENTRIONAL;

Celle qui est renfermée entre les deux Tropiques, et qui se trouve partagée par l'Équateur ou la Ligne Équinoxiale, s'appellera OCÉAN-ATLANTIQUE ÉQUATORIAL ou ÉQUINOXIAL [b];

Subdivisions de l'OCÉAN ATLANTIQUE.

---

[a] D'autres Navigateurs, tels que *Hertoge, Jean d'Edels, Pierre de Nuitz, Guillaume de Witt, Carpenter, Marion, Kerguelen*, &c., en partant du Cap de *Bonne-Espérance*, de *Batavia* et de l'île de *France*, et dirigeant leur route vers l'Orient et vers le Midi, ont fait des Découvertes dans la partie du *Grand Océan* qui s'étend dans le Sud-Est de l'Ancien Continent : les plus considérables sont celles de la *Nouvelle-Hollande* et de la *Nouvelle-Zélande*, qui sont dues aux Navigateurs hollandais, et que le Capitaine *Cook* a perfectionnées.

[b] La désignation d'*Équinoxiales*, pour les deux Subdivisions de l'*Océan* qui se trouvent comprises entre les Tropiques, me paroît préférable à celle d'*Équatoriales*, quoique, dans le fond, elles soient parfaitement synonymes : la Dénomination de *Ligne Équinoxiale* est plus communément employée par les Marins, que celle d'*Équateur*, pour désigner le grand Cercle qui partage la Terre, de l'Est à l'Ouest, en deux Hémisphères; quand le Navigateur passe d'un Hémisphère dans l'autre, il dit *couper la Ligne*, et ne dit pas *couper l'Équateur* : d'ailleurs, on sait que, dans toute l'étendue de la Zone Torride, l'inégalité

Et celle qui s'étend du Tropique du Capricorne ou Tropique du Sud, jusqu'au Cercle polaire Antarctique, recevra le nom d'OCÉAN-ATLANTIQUE MÉRIDIONAL.

Subdivisions du GRAND OCÉAN.

En suivant le même principe pour les Subdivisions du GRAND OCÉAN, nous aurons :

Au Nord, le GRAND-OCÉAN BORÉAL ;

Au milieu, entre les Tropiques, le GRAND-OCÉAN ÉQUINOXIAL ;

Au Sud, le GRAND-OCÉAN AUSTRAL.

Portions de l'OCÉAN non comprises dans les 1.res Subdivisions.

MAIS l'OCÉAN ne comprend pas seulement ces deux grandes parties de Mer qui séparent les deux Continens, les deux grandes Iles de la Terre ; l'OCÉAN, comme je l'ai dit, est l'universalité des Eaux qui couvrent plus de la moitié de la superficie du Globe, que peut-être, dans les premiers temps de sa formation, elles couvrirent en entier.

Après avoir divisé la masse des Eaux en deux OCÉANS principaux qui ont pour limites les Continens, et avoir subdivisé l'un et l'autre de ces OCÉANS en trois Bandes ou trois Zones qui correspondent aux deux Zones tempérées et à la Zone Torride, il reste, de chaque côté, au Nord et au Sud, une portion de Sphère, une Calotte, dont un Pôle marque le sommet et le centre, et qui est limitée par un CERCLE POLAIRE. Les Glaces qui occupent, ou perpétuellement ou une partie de l'année, ces Régions des Pôles, semblent indiquer la Dénomination qu'il convient de

---

des jours est à peine sensible pendant la révolution d'une année : et, comme il n'y a point ou presque point de crépuscule, on peut dire que le Navigateur y a constamment 12 heures de jour et 12 heures de nuit, ou un *Équinoxe* perpétuel : c'est donc vraiment pour lui l'*Océan Équinoxial*. J'ajouterai que la Dénomination d'*Équinoxial* semble autorisée d'avance par l'usage qu'en font les Géologistes et les Naturalistes : les premiers, en désignant par le nom générique de *Régions Équinoxiales*, les pays situés sous la *Zone Torride* ; les seconds, en appelant *Espèces Équinoxiales*, les Espèces particulières d'Animaux, de Plantes, &c., qui appartiennent spécialement aux Régions situées entre les *Tropiques*.

donner aux portions de l'Océan qui couvrent ces extrémités du Globe.

J'appellerai Océan-Glacial Arctique, celle qui environne le Pôle Boréal;

Océan-Glacial Antarctique, celle qui environne le Pôle Austral.

Ces deux portions du Globe Terrestre, renfermées dans les Cercles polaires, quoique situées en correspondance, diffèrent essentiellement dans leur disposition : au Nord, les Terres de l'Europe, celles de l'Asie depuis la Nouvelle - Zemble jusqu'au Szalaginskoi-Noss, celles de l'Amérique au-dessus de la Baie de Baffin, auxquelles doit être adjoint le Spitzberg ou Ancien Gröenland, et la partie Septentrionale et indéterminée du Nouveau, forment ensemble une enceinte de Côtes dont les plus éloignées du centre ou du Pôle, d'après les connoissances que jusqu'à présent il nous a été possible d'acquérir, ne descendent pas au-dessous du 70.e Parallèle, et dont quelques-unes même s'élèvent jusqu'au 81.e. L'Océan-Glacial Arctique se trouve ainsi resserré dans des limites très-étroites; il ne communique avec l'Océan Atlantique, que par le Canal que laissent entre elles les Côtes de la Laponie et du Nouveau Gröenland, et qui est embarrassé par les îles du Spitzberg et de l'Islande; et avec le Grand Océan, que par le seul Détroit de Bering, qui sépare les deux Continens. Il n'en est pas de même dans l'Hémisphère du Sud : une vaste Mer occupe la Calotte Australe. Si l'on se place au Pôle, et que l'on promène ses regards circulairement sur l'espace compris entre ce centre et le 50.e Parallèle; on ne découvre aucun vestige de Terre connue : si l'on étend la vue jusqu'au 30.e; on aperçoit seulement quelques fragmens solides, l'extrémité étroite de l'Amérique Méridionale sous le nom de Terres Magellaniques, la Pointe extrême de l'Afrique, la Partie Méridionale, resserrée et presque inhabitée, de la Nouvelle - Hollande, et les deux îles de la Nouvelle-

Océan-Glacial Arctique.

Antarctique.

Comparaison de l'Océan Glacial du Nord et de l'Océan Glacial du Sud.

ZÉLANDE ; et, à l'exception de ces portions de Terrains, auxquels on peut appliquer le *rari nantes in gurgite vasto*, tout le reste est Mer, tout est Eau : la superficie de cette Plaine liquide, de cette immense solitude, ne sera même guère plus interrompue par des fragmens de Terre, si vous embrassez tout l'espace compris entre le Pôle et le Tropique du CAPRICORNE. On peut donc dire que l'Hémisphère Austral est le vrai domaine de l'OCÉAN, comme l'Hémisphère Boréal est le domaine de la TERRE : et, en partant du Cercle polaire Antarctique, que j'ai fixé pour limite dans l'Hémisphère du *Sud* à l'OCÉAN ATLANTIQUE et au GRAND OCÉAN, et, de là, s'élevant jusqu'au Pôle, on ne voit plus, comme je l'ai dit, qu'une Calotte de glace, qui pourroit tout au plus enfermer quelque petite Terre où la Nature est morte ; car on sait que les courses répétées de l'intrépide COOK autour de ce Pôle ont démontré aux plus incrédules, que ce grand *CONTINENT AUSTRAL*, que long-temps on s'est obstiné à regarder comme nécessaire à la pondération du Globe, pour balancer les grandes Terres de l'Hémisphère Boréal, n'existe plus que dans des Systèmes oubliés : et sans doute, la Nature a d'autres moyens qui nous sont inconnus, pour maintenir l'équilibre de notre Planète, pendant que, lancée dans l'espace, elle achève et recommence périodiquement sa révolution annuelle autour du Soleil et ses révolutions diurnes sur elle-même [a].

---

[a] Il est d'usage de représenter la Terre dans les Mappemondes, de manière que l'*Europe*, l'*Afrique* et l'*Asie* occupent ensemble l'Hémisphère Oriental, et que l'*Amérique* se trouve seule dans l'Hémisphère Occidental : mais, si l'on projette la Mappemonde sur l'Horizon de *Paris*, l'axe de la Terre incliné à 48 degrés 50 minutes $\frac{1}{4}$, on voit que, dans la distribution du Globe, partagé en Terres et en Eau, la totalité des Terres que nous nommons les *Quatre Parties du Monde*, à l'exception de la Pointe aiguë de l'*Amérique*, est contenue dans l'Hémisphère Boréal qu'on doit appeler l'*Hémisphère Terrestre* ; tandis que, dans l'Hémisphère opposé ou Austral, auquel convient parfaitement la dénomination d'*Hémisphère Maritime*, on ne voit que cette même Pointe de l'*Amérique*, et une grande Mer continue dans laquelle sont jetées quelques Terres

LES

LES GRANDES Divisions et les Subdivisions de l'OCÉAN, telles que je viens de les proposer, indiquent assez que les Cartes générales hydrographiques doivent être disposées de manière que chaque grande partie de Mer s'y présente dans son entier. Lorsque la Terre est représentée sur une surface sphérique, on a toute facilité pour la considérer sous tous les aspects, et l'on y voit entière chaque partie de l'OCÉAN avec les Continens qui la limitent au Levant et au Couchant : on peut procurer ce même avantage à une Carte générale hydrographique qui n'est autre chose que le développement de la surface de la Terre supposée cylindrique; et l'on est étonné que la plupart des Hydrographes qui ont dressé des Cartes générales sur la Projection de MERCATOR [a], employée pour les Cartes marines, ayent porté une moitié du GRAND OCÉAN sur l'extrémité de la Carte à droite, et la seconde moitié sur l'autre extrémité à gauche; dans d'autres, telles que la Carte générale qui accompagne le Troisième Voyage du Capitaine COOK, c'est l'OCÉAN ATLANTIQUE qui a été coupé en deux, pour une partie en être

Comment doit être disposée une Carte générale hydrographique.

isolées, la *Nouvelle-Zélande*, la *Nouvelle-Hollande* et les îles de *la Sonde*, Terres peu considérables, si on les compare à l'ensemble des grandes Masses terrestres qui occupent l'Hémisphère du Nord.

Boullanger, Ingénieur, publia, en 1760, une *Nouvelle Mappemonde* projetée sur l'Horizon du point qui a 45 degrés de hauteur de Pôle du côté du Nord; c'est la première de ce genre qui ait paru; ses Hémisphères ont un pied de diamètre. En 1774, le P. *Chrysologue* de *Gy*, Capucin, publia une Carte à-peu-près semblable à celle de *Boullanger*, avec cette seule différence qu'elle est projetée sur l'Horizon de *Paris*, et que le diamètre est à-peu-près double

de celui de la première : il en donna une seconde Édition en 1778. En 1775, le Géographe anglais *Jefferys* en avoit fait paroître une de 13 pouces anglais de diamètre, projetée sur l'Équateur : cette dernière n'est autre chose qu'une Projection Polaire, anciennement connue, et n'a pas l'avantage que présentent les premières; elle reporte toute l'*Amérique Méridionale* et une grande partie de l'*Afrique* dans l'Hémisphère Maritime; elle ne place pas sous un même point de vue les *Quatre Parties du Monde* que, jusqu'à *Boullanger*, on avoit toujours présentées désunies, quoique la Nature les ait rassemblées sur un même Hémisphère.

[a] Les Anglais donnent à cette Projection le nom de *Projection de Wright :*

C

jetée à gauche et l'autre à droite. Une Carte marine est destinée à représenter spécialement les MERS ; chaque grande Division de l'OCÉAN doit donc s'y montrer entière avec les CÔTES qui lui servent de limites ; et il est possible de la disposer de manière qu'elle présente chaque OCÉAN dans son entier, sans que pour cela elle soit privée de l'avantage de présenter également l'ensemble complet de chacun des CONTINENS. Si l'on commence la Carte à droite par le Méridien qui est situé à 20 degrés à l'Orient de celui de PARIS ; celui du Cap de BONNE-ESPÉRANCE se trouvera placé à environ 4 degrés de distance du Chassis : la Carte commencera par la partie Occidentale de l'Ancien Continent, qui limite, du côté de l'Orient, l'Océan ATLANTIQUE, et elle présentera les Côtes d'AFRIQUE et d'EUROPE, depuis le Cap de BONNE-ESPÉRANCE jusqu'au Cap NORD de la LAPONIE par-delà le Cercle Polaire Arctique : nous aurons, à gauche, la limite Occidentale de ce même OCÉAN, c'est-à-dire, les Côtes Orientales des deux AMÉRIQUES, depuis la BAIE DE BAFFIN jusques au Cap de HORN. Le GRAND OCÉAN se trouvera à la place qu'il doit occuper sur une Carte hydrographique, dans le milieu de la Carte dont il remplit environ les deux tiers, du Cap de HORN au Cap de BONNE-ESPÉRANCE, entre les Côtes Occidentales du Nouveau Continent, et les Côtes Orientales de l'Ancien. A la vérité, par cette disposition, les parties Occidentales du Continent Ancien se trouvent situées sur l'extrémité à droite de la Carte, tandis que ses parties Orientales se voient sur l'extrémité à gauche ; mais, afin de

ils conviennent cependant, en général, que *Gerard Mercator* (de *Ruremonde* dans la *Gueldre*) en est l'inventeur, et qu'en 1569, il publia le premier une Carte hydrographique (ou Carte *Réduite*, suivant l'expression des Français) dressée sur cette Projection ; mais, disent-ils, comme il n'en avoit pas fait connoître les principes, et que cette connoissance est due à leur compatriote *Edward Wright* qui la publia, en 1599, dans son Ouvrage intitulé *Correction of Errors in Navigation*, c'est à celui-ci qu'appartient l'honneur de l'invention. Quand il s'agit de *Découvertes*, les Anglais, qui veulent attribuer tout à leur Nation, ont une manière de raisonner et de conclure qui leur est particulière.

montrer sur cette Carte l'un et l'autre CONTINENT entiers et sans interruption, comme les deux OCÉANS s'y présentent sans fraction, il suffit de répéter à gauche, en arrachement, les portions de l'AFRIQUE et de l'EUROPE qui, du côté droit, limitent l'OCÉAN ATLANTIQUE. J'ai employé cette distribution dans la Carte générale du *VOYAGE DE MARCHAND*, comme je l'avois fait, en 1785, dans les Cartes qui furent dressées pour être jointes aux Instructions de LA PÉROUSE : elle a été suivie dans la Carte générale qui accompagne la Relation de son Voyage. On ne peut trop recommander aux Géographes qui s'occupent de dresser des Cartes marines, de faire leurs Cartes pour les Marins : dans la distribution, tout doit être sacrifié à la commodité du Navigateur, à la facilité de ses opérations ; et dans l'exécution, les soins principaux doivent porter sur le placement exact des Points déterminés, à l'égard des Divisions des Échelles de Latitude et de Longitude.

LES TROIS Subdivisions que j'ai proposées, d'une part, pour l'OCÉAN ATLANTIQUE, de l'autre, pour le GRAND OCÉAN, ne suffiroient pas pour l'usage de la Navigation : dans plusieurs endroits, l'OCÉAN a fait irruption dans les Terres et s'y est porté à de grandes profondeurs ; il y forme des MERS INTÉRIEURES, des GOLFES, des BAIES, qui doivent être désignés par des Noms particuliers.

Ce qui constitue une MER, un GOLFE, une BAIE, &c.

La qualification de MER ne doit être appliquée qu'aux portions de l'OCÉAN, qui, se trouvant cernées de toutes parts par des portions de Continent, ou par des Chaînes d'îles, ont formé des BASSINS séparés de la grande masse des Eaux ; et les MERS sont de deux espèces : les unes, telles que celle qui sépare l'EUROPE de l'AFRIQUE, celle qui sépare l'AFRIQUE de l'ASIE, &c., pénètrent dans l'intérieur des Terres, et ne présentent qu'une seule Entrée, qu'un seul DÉTROIT par lequel les Eaux méditerranées communiquent avec la masse de l'OCÉAN ; ce sont proprement les MERS MÉDITERRANÉES : d'autres, telles que la MER DES

ANTILLES, la MER DE CHINE, &c., bornées sur un côté par un Continent, ne sont séparées, sur l'autre, de la grande masse des Eaux, que par une Chaîne d'îles qui laissent entre elles plusieurs issues, plusieurs communications de la MER INTÉRIEURE avec la GRANDE MER.

Les GOLFES et les BAIES sont les enfoncemens où l'OCÉAN, sans s'introduire profondément dans les Terres, sans en détacher des parties pour former des Bassins, a creusé le Littoral des Continens, en a festonné les bords. En général, le GOLFE est plus large à son entrée, qu'il ne l'est sur sa longueur ; la BAIE, au contraire, est plus large dans son milieu, qu'elle ne l'est à son entrée. D'ailleurs, ces enfoncemens, plus ou moins larges, plus ou moins profonds, sont plus ou moins conformes aux définitions que je viens de donner des mots GOLFE et BAIE ; et il est assez difficile de se garantir de tout arbitraire dans l'application de l'un ou de l'autre : on se trouve quelquefois embarrassé pour le choix, entre la qualification de GOLFE et celle de BAIE, à assigner aux diverses sinuosités de la lisière des Continens ; et l'on pourroit dire qu'un GOLFE est une *grande Baie*, et qu'une BAIE est un *petit Golfe*. Mais un GOLFE, quelque grand qu'il soit, ne peut jamais être qualifié de MER, encore moins d'OCÉAN ; et une MER, un Bassin intérieur, n'est pas un GOLFE.

On distingue deux espèces de BAIES : les BAIES OUVERTES, qui ne sont proprement que de petits GOLFES, telles que la BAIE DE CAMPÊCHE, celle de HONDURAS, &c. que leur configuration doit faire qualifier de GOLFES ; et les BAIES FERMÉES, qui sont, pour ainsi dire, de petites MERS INTÉRIEURES, telles que la BAIE DE CADIZ, la BAIE DE BOSTON, &c. On appelle aussi, mais improprement, BAIES, de véritables MERS INTÉRIEURES, telles que la BAIE DE BAFFIN et la BAIE DE HUDSON.

Je ne parle pas des PORTS, des HAVRES, des ANSES, des CRIQUES, &c., lesquels ne sont que de petits accidens qui n'interrompent pas plus le Littoral des Continens, dont quelques-uns même l'interrompent moins, que les Embouchures des grands Fleuves, ou ces petits BRAS DE MER que les Anglais appellent *Inlets*, que nous désignons quelquefois par le nom d'ENTRÉES, qu'on pourroit appeler des *Cul-de-sacs*, et plus convenablement des *Impasses*, lesquels, dans quelques endroits, se portent assez avant dans l'intérieur des Terres : ceux-ci pourroient être qualifiés d'IMPASSES, comme je viens de le dire, ou de CANAUX INTÉRIEURS, pour les distinguer des CANAUX à deux issues, qui font communiquer ensemble deux portions de l'OCÉAN, tels que le CANAL qui sépare la FRANCE de l'ANGLETERRE, celui qui sépare l'ANGLETERRE de l'IRLANDE, le CANAL de la FLORIDE, ou de BAHAMA, &c.[2]

* Il n'est pas inutile de fixer avec quelque précision l'idée que l'on doit attacher à chacune des différentes qualifications par lesquelles on distingue les Abris que les Côtes offrent aux Vaisseaux ; car il est très-commun de les voir appliquées sans justesse, et une employée pour une autre qui conviendroit mieux au local. J'y joindrai les Dénominations correspondantes dont les Anglais font usage : elles peuvent servir pour l'intelligence des Relations de leurs Voyages de Mer.

1.° J'ai défini dans le Texte le *Golfe* [de l'Italien *Golfo*, en Anglais *Gulf*], une grande sinuosité de la Côte, plus large à son entrée qu'à son milieu ; mais cette qualification est souvent appliquée, dans les Cartes de détail, à de petits enfoncemens, peu larges, profonds à proportion de leur largeur, et renfermés entre deux pointes de Terre, tels que le *Golfe de Saint-Tropès*, le *Golfe de la Spezia*, dans la *Méditerranée*, &c.

2.* Le mot *Baie* n'exprime pas toujours, non plus, un grand enfoncement dans les Terres ; mais, quelquefois, une petite partie rentrante de la Côte, où la profondeur de l'eau et la qualité du fond présentent un bon Mouillage aux Vaisseaux, telles que *Tor Bay*, *Start Bay*, à la Côte Méridionale d'Angleterre, &c.

Une Baie, lorsqu'elle est formée, du côté du Large, par des Iles, comme la *Baie de Boston*, et autres, peut avoir plusieurs entrées également praticables par les Vaisseaux suivant la direction du vent.

3.° Un *Port* [en Anglais, *Port*, *Harbour*, *Haven*, *Sea-Port*] est, en général, un petit enfoncement dans les Terres, où les Vaisseaux peuvent séjourner à l'abri des vents et de l'agitation de la mer, et dans lequel ils trouvent en tout temps assez d'eau pour y être à flot lorsqu'ils sont armés et équipés. Un *Port* est d'autant meilleur qu'il offre plus de facilité, par la disposition du local, pour que les travaux

PARCOURONS le Littoral des deux Continens, pour attacher à chaque portion des Côtes la qualification qui paroît convenir le mieux à leur configuration respective, et le nom que leur situation pourra nous indiquer.

EN ENTRANT dans l'OCÉAN ATLANTIQUE par le NORD, nous trouvons d'abord, du côté de l'AMÉRIQUE, la BAIE DE BAFFIN et la BAIE DE HUDSON, deux vastes Bassins, dont les Eaux se

de Construction, de Radoub et d'Armement puissent s'y exécuter avec promptitude et sûreté. Tels sont le Port de *Brest*, celui de *Toulon*, &c.

Un *Port de Marée* ou *d'Échouage* est celui où les Vaisseaux ne peuvent entrer, et d'où ils ne peuvent sortir, que de *Haute-Mer*, parce que, dans les heures où la *Mer* est *Basse*, il ne reste pas assez de profondeur d'eau pour qu'ils y flottent : dans plusieurs même, tels que la plupart des Ports des Côtes de *France* et d'*Angleterre* situés sur le *Canal*, les Vaisseaux restent à sec ; et ce n'est pas que, dans quelques-uns, la mer ne monte à de grandes hauteurs ; à *Saint-Malo*, par exemple, qui est un *Port d'Échouage*, et où, de basse-mer, on voit rouler les voitures sur le même sable sur lequel posent les Vaisseaux échoués, les Eaux, à mer haute, s'élèvent de quarante pieds.

On appelle *Port de Barre*, un Port situé sur une Rivière dont l'Embouchure est traversée par un Banc de sable, ou une *Barre* sur laquelle il ne reste pas assez d'eau de basse-mer pour que les Vaisseaux puissent y passer : ils sont obligés d'attendre, pour franchir la *Barre*, que la mer soit haute et le temps favorable. Tel est le Port de *Baïonne*, &c.

Un *Port de Rivière* est celui qu'offre le lit d'un Fleuve que les Vaisseaux peuvent remonter jusqu'à une distance plus ou moins grande de son Embouchure, et où ils trouvent assez d'eau pour flotter. Tels sont les Ports de *Rochefort*, *Bordeaux*, *Londres*, &c.

4.° Quelques Ports renferment des *Bassins* ; et ces Bassins sont de deux espèces : les uns sont *ouverts*, tels que ceux qui se voient à *Toulon*, au *Ferrol*, à *Carthagène* d'*Europe*, &c., et sont appelés *Darces* ou *Darses* par les Français, et *Wet Dock* [Bassin où il y a toujours de l'eau] par les Anglais : les autres, capables de recevoir plusieurs Vaisseaux, tels que le Bassin du *Havre-de-Grâce*, &c., sont fermés par des portes que l'on n'ouvre qu'à mer haute, pour faire sortir ou entrer des Vaisseaux au moment de la mer étale : les Anglais les appellent *Dry Dock* [Bassin qui assèche] ; ils appellent aussi, en général, un Bassin, *Basin* ou *Bason*. Nous donnons également le nom de *Bassins* aux *Formes* [*Basin of a Dock* ou *Dry Dock*], qui sont des fosses creusées dans la terre à une profondeur au-dessous du niveau

confondant par des Détroits, forment ensemble une grande MER INTÉRIEURE qui communique avec l'OCÉAN-ATLANTIQUE SEPTENTRIONAL par un seul Canal d'environ 140 lieues de largeur, lequel s'ouvrant entre la Pointe Méridionale du GRÖENLAND, et la Pointe Sud-Est du LABRADOR, se prolonge, sur environ 200 lieues dans le Nord-Ouest, entre les Côtes de ces deux Terres. Cette Mer, par analogie avec la MÉDITERRANÉE D'EUROPE, pourroit, à juste

Baies de BAFFIN et de HUDSON, MÉDITERRANÉE d'AMÉRIQUE.

de la haute mer, renfermées dans une forte maçonnerie, fermées par des portes, et dans lesquelles on introduit les Vaisseaux pour être radoubés, &c. Quelques-unes de ces Formes, qui servent souvent pour faire des Constructions entières, ne peuvent contenir qu'un seul Vaisseau; mais d'autres, telles que celles des principaux Ports de l'*Angleterre*, celle de *Brest*, celles de *Carlscrona* et de *Cronstadt* dans la *Baltique*, celle de *Carthagène* dans la *Méditerranée*, &c., sont disposées pour recevoir plusieurs Vaisseaux que l'on rend indépendans les uns des autres, et que l'on isole par le moyen de portes intermédiaires.

5.° Le mot *Havre*, que l'on peut présumer venir de l'ancien Celtique, et dont on retrouve la trace dans les noms de *Aberevack*, *Aberilduc*, &c., petits Ports situés sur nos Côtes du *Canal*, est regardé assez généralement comme synonyme de *Port*: il paroît cependant plus spécialement affecté aux *Ports* d'une petite étendue et qui offrent peu de profondeur d'eau, tels que le *Havre-de-Grâce*, &c.

6.° Une *Rade* [en Anglais *Road*, plus souvent *Sound*] est un espace de mer, renfermé entre deux portions de Côte situées de manière que les Vaisseaux puissent y ancrer sur un bon fond, et sur une profondeur d'eau peu considérable, sans y être trop exposés aux vents et à la mer du Large. Un *Port*, pour ne laisser rien à desirer, doit être précédé d'une bonne *Rade* où les Vaisseaux puissent, dans toutes les saisons, ancrer avec sûreté, et y attendre la circonstance favorable, soit pour entrer dans le Port, soit pour prendre la mer. Telles sont les Rades de *Brest*, de *Toulon*, &c.

On distingue les Rades *Fermées* des Rades *Ouvertes* ou Rades *Foraines*. La Rade *Fermée* est celle qui, ne présentant qu'une entrée étroite, forme un Bassin cerné par les Terres, telle que celles qui viennent d'être désignées. Une Rade *Ouverte* ou *Foraine* [*Open Road* en Anglais] n'est proprement qu'un enfoncement dans la Côte, peu profond, d'une bonne tenue, abrité d'un côté par les Terres, mais ouvert au vent et à la mer du côté du Large, et par conséquent sans sûreté lorsque le vent vient à souffler de ce côté.

7.° Une *Ance* ou *Anse* [en Anglais *Cove* ou *Bight*] est une partie de Côte où la mer forme un enfoncement demi-circulaire et peu profond. L'*Anse* diffère

titre, recevoir le nom de MÉDITERRANÉE d'AMÉRIQUE ; car sa superficie égale à-peu-près celle de la première, et elle renferme plusieurs îles assez grandes et d'autres d'une moindre étendue : elle se diviseroit en BAIE DE BAFFIN et BAIE DE HUDSON, et conserveroit ainsi les noms des Navigateurs célèbres qui en firent la pénible Découverte.

d'une petite *Baie*, en ce que son Entrée ou Embouchure est plus large, à proportion de son étendue, que celle de la *Baie* : et, en général, l'*Anse* est plus petite que la *Baie*. On appelle *Anse de Sable* celle qui présente sur son contour une plage de sable ou une grève : les *Anses* de cette espèce sont communément bornées par deux Pointes de rochers, entre lesquelles la plage se développe en s'enfonçant un peu dans les Terres.

8.° Une *Cale* [ou *Calanque* dans la *Méditerranée*], que les Anglais désignent par les dénominations de *Cove* ou *Bight*, qu'ils emploient également pour une *Anse*, est un petit Abri sur une Côte, un petit enfoncement fort resserré où de petits Bâtimens peuvent se couler, pour ainsi dire, se réfugier, et être en sûreté dans le mauvais temps.

Aux îles de l'*Amérique*, et sur-tout à *Saint-Domingue*, on donne le nom d'*Esterre* [en Anglais, *Cove* ou *Bight*] à une *Cale* où les Barques peuvent aborder.

On emploie aussi dans nos Colonies une qualification aussi peu convenable qu'elle est ignoble, celle de *Trou*, pour désigner une petite *Anse* où les Bâtimens peuvent ancrer : ainsi, à *S.' Domingue*,

nous avons le *Petit Trou*, le *Sale Trou*, le *Trou* de *Miragoane*, &c. ; et à l'île de *France*, le *Trou Fanfaron* : c'est dans ce dernier *Trou* que les Vaisseaux hivernent, comme ils hivernoient, à la *Martinique*, dans le *Cul-de-sac* nommé ci-devant *du Fort-Royal*. Il semble que l'on pourroit sans inconvénient substituer la qualification d'*Anse* à celle de *Trou*.

9.° Le nom de *Crique*, du Suédois *Krik* [en Anglais *Creek*, et aussi *Bight*], est employé pour désigner une *Cale* étroite, telle que l'on en trouve principalement à l'entrée et sur les bords des Rivières où la Marée se fait sentir, et dans lesquelles des Bâtimens d'une petite capacité et d'un petit tirant-d'eau peuvent entrer pour charger et décharger les marchandises.

10.° L'*Inlet* des Anglais est, comme je l'ai dit, une *Entrée* dans les Terres, un petit *Bras de Mer* qui s'y porte jusqu'à une certaine distance de la Côte : c'est une espèce de *Cul-de-sac* ou un *Impasse*.

La Dénomination de *Cul-de-sac* est quelquefois employée dans les îles de l'*Amérique*, pour désigner une espèce de *Port*; c'est ainsi qu'à la *Martinique* on appeloit *Cul-de-sac* du *Fort-Royal*, le principal *Port* de cette Colonie.

LE

LE FLEUVE SAINT-LAURENT, par le prolongement de sa large Embouchure, forme un GOLFE borné au Nord par les Côtes Méridionales du LABRADOR, à l'Est par l'île de TERRE-NEUVE, au Sud par les Terres du Nord-Est de l'ACADIE et l'île du CAP-BRETON : ce GOLFE a reçu avec raison et doit conserver le nom du grand Fleuve du CANADA qui vient y verser ses eaux.

EN CONTINUANT de prolonger la Côte Orientale de l'AMÉRIQUE DU NORD, on parvient au point où une longue Chaîne d'îles forme avec le Continent un grand Bassin que j'appellerai la MER DES ANTILLES, du nom des îles à travers lesquelles il est d'usage d'entrer dans cette Mer qui comprend plusieurs GOLFES : dans le Nord-Ouest, celui du MEXIQUE, d'une vaste étendue; dans le Sud-Est de celui-ci, la Baie ou le GOLFE DE HONDURAS : et, dans le Sud-Est de ce dernier, le GOLFE DE TIERRA-FIRME. Le GOLFE DU MEXIQUE a sa sortie particulière sur l'OCÉAN ATLANTIQUE, dans le Sud du Cap Méridional de la Presqu'île de la FLORIDE.

LE SURPLUS de la Côte Orientale de l'AMÉRIQUE, prolongé jusqu'au Cap de HORN, ne présente aucun de ces grands enfoncemens qui, suivant leur disposition, peuvent mériter ou le nom de MER ou celui de GOLFE : on n'y rencontre que des BAIES plus ou moins profondes, des PORTS, des Embouchures de Fleuves, et le DÉTROIT découvert par MAGELLAN.

QUAND on parcourt des yeux la lisière Orientale du Nouveau Monde sur l'OCÉAN-ATLANTIQUE ÉQUINOXIAL, on ne peut voir sans une sorte d'indignation, que pas une Ile; pas un Cap, pas un seul Point de cette immense Terre, ne porte le nom du Héros Navigateur qui le premier fit la découverte du CONTINENT, comme il avoit découvert les ÎLES qui le précèdent; COLOMBO ne paroît nulle part : et un Aventurier, AMERICO VESPUCCI, embarqué, l'on ne sait à quel titre, sous les ordres d'ALONZO DE OJEDA qui visita une partie du Continent, postérieurement à la Découverte, parvient à y attacher son nom à perpétuité ! Il osa s'annoncer à

D

l'EUROPE, *comme ayant le premier découvert le Continent* du Nouveau Monde : il parla le premier ; et l'EUROPE trompée le crut sans examen : on s'accoutuma à appeler la quatrième Partie de la Terre, cette Partie plus étendue qu'aucune des trois autres, du nom de l'imposteur qui disoit et que l'on supposa en avoir fait la Découverte : et ce Nom usurpa la place que le génie, le courage et la persévérance avoient si légitimement acquise à celui de COLOMBO ! Malheureusement, cette usurpation a reçu la sanction du Temps ; l'injustice ne peut plus être réparée : mais, la rappeler, c'est faire à l'Homme immortel qui l'éprouva, la réparation qui dépend de la Postérité pour le venger de l'ingratitude de ses Contemporains[a].

.Golfe de PANAMA.

APRÈS avoir contourné la Partie Méridionale et extrême de l'AMÉRIQUE, et remonté dans le GRAND OCÉAN, le long de la Côte Occidentale de ce vaste Continent, on trouve, au Nord de l'Équateur, le GOLFE DE PANAMA : c'est là que le GRAND OCÉAN forme un enfoncement profond dans les Terres, et ne se trouve séparé de l'OCÉAN ATLANTIQUE que par l'ISTHME étroit de PANAMA, qui est le prolongement de la Chaîne des ANDES et donne son nom au Golfe.

[a] En 1499, *Alonzo de Ojeda*, qui avoit servi sous *Colombo* dans son second Voyage, aidé par une Compagnie de Négocians, équipa quatre Vaisseaux à *Séville :* il arriva au mois de Mai à la Côte de *Paria*, et commerça avec les Naturels : portant ensuite à l'Ouest, il parvint jusqu'au Cap de *Vela*, et reconnut une assez grande étendue de Côte (la Côte Septentrionale de *Tierra-Firme*) située au-delà de celle que *Colombo* avoit découverte et visitée l'année précédente. *Americo* ou *Amerigo Vespucci*, Florentin, cet Aventurier devenu célèbre, étoit embarqué sur le Vaisseau d'*Ojeda*, et l'on ignore en quelle qualité : à son retour, il publia la première Relation que l'on eût eue du Nouveau Monde ; il s'en attribua impudemment la découverte ; et son imposture eut tout le succès qu'il en pouvoit attendre. (Voyez *Vita e Lettere di Amerigo Vespucci, raccolte ed illustrate dall' Abbate Angelo-Maria Bandini. Firenze,* 1745, in-4.° — Voyez aussi dans le *Novus Orbis Grinæi : Vespucii Americi (* et *Aberici) Navigatio ad oras Americæ Meridionalis.* — Et cherchez dans *Herrera,* Decad. I, Lib. II, Cap. V, les preuves de l'imposture du Florentin *Vespucci*.

EN POUSSANT jusqu'au Tropique du CANCER, on trouve la MER VERMEILLE entre la Presqu'île de la CALIFORNIE et la lisière Occidentale du MEXIQUE. Ces désignations par des couleurs présentent à l'esprit des idées fausses ; car les Eaux ne sont nulle part ni *vermeilles*, ni *blanches*, ni *noires*, ni *rouges*, ni *jaunes*, ni *bleues*, ni *vertes*, quoiqu'il n'y ait pas une de ces couleurs qui n'ait donné son nom à quelque MER. Celles qui méritent, par leur étendue et par leur configuration, de conserver la qualification de MERS, seroient mieux indiquées, et l'on sauroit, en les entendant nommer, quelle place elles occupent sur le Globe, si elles portoient les noms des Contrées principales dont elles baignent les Côtes : la MER VERMEILLE, sous ce rapport, devroit être appelée MER DE CALIFORNIE ; mais ce seroit bien improprement que l'on qualifieroit de MER un Bras étroit, une espèce d'*Impasse*, plus large à son entrée que sur une grande partie de son étendue, et qui se prolonge, entre le Continent et une étroite Presqu'île, sur une longueur d'environ 220 lieues et une largeur moyenne de trente. La qualification de GOLFE est celle qui paroît le mieux lui convenir : et nous lui donnerons le nom de GOLFE DE CALIFORNIE [a]. On eût été tenté de l'appeler GOLFE DE CORTÈS, en l'honneur du Héros Castillan qui, en 1537, sans être Navigateur, en fit la découverte par Mer ; mais le nom de CORTÈS ne pourroit être écrit à côté de celui du MEXIQUE, qu'en caractères de sang.

L'AMÉRIQUE est séparée de l'ASIE par le DÉTROIT DE BERING, par lequel le GRAND OCÉAN communique avec l'OCÉAN-GLACIAL ARCTIQUE. Dans cette partie du GRAND-OCÉAN BORÉAL, les Côtes du Nord-Ouest du Nouveau Continent forment avec celles du Nord-Est de l'Ancien, un grand Bassin circulaire, borné au Sud par la Chaîne des îles ALEUTIENNES qui laissent entre elles des

Impropriété des Dénominations tirées de couleurs qui n'exis-tent pas.

Mer VERMEILLE, mieux nommée Golfe de CALIFORNIE.

Bassin de BERING.

[a] *D. Joseph Antonio de Alzate y Ramirez*, dans sa Carte qui a pour Titre : *Nuevo Mapa Geographico de la America Septentrional*, &c., dédiée à l'Académie des Sciences de *Paris*, et publiée en 1768, donne à la *Mer Vermeille* le nom de *Golfo de California*.

Passages ouverts, des communications avec la grande MER; ce Bassin pourroit être appelé géographiquement le BASSIN DU NORD; mais il sera mieux nommé BASSIN DE BERING, puisque ce Navigateur est le premier qui y ait pénétré, et qu'il s'y est élevé jusqu'au Cercle polaire sous lequel est situé le Détroit qui porte son nom : c'est sur une île de ce Bassin que ses cendres reposent [a].

Le BASSIN DE BERING renferme dans son enceinte : au Nord-Ouest, le GOLFE D'ANADIR, ainsi nommé, parce que le Fleuve de ce nom y verse ses eaux par une large Embouchure : dans la partie du Nord, dés Groupes d'îles que le Capitaine COOK a nommées îles de GORE et îles de KLERKE, et auxquelles j'ai cru qu'il convenoit de restituer les noms de MATWEIA et du Lieutenant SYND, qui leur furent imposés antérieurement par les Russes, quand ils en firent la Découverte.

Mer
de TATARIE.

AU SUD du BASSIN DE BERING, l'OCÉAN a pénétré dans les Terres, du côté de l'ASIE, par un grand nombre d'ouvertures, et en a détaché des portions pour former, en quelque sorte, une digue ou chaussée, composée d'une suite d'îles qui séparent la grande masse des Eaux, de la MER INTÉRIEURE que l'on voit s'étendre dans une direction Nord-Est et Sud-Ouest, entre le 63.ᵉ et le 33.ᵉ Parallèle Nord, sur une longueur de 600 lieues marines et une largeur variable de 200 à 100 lieues.

Cette Mer intérieure baigne à l'Ouest, sur toute son étendue, la TATARIE RUSSE et la TATARIE CHINOISE; et, du côté de l'Est, elle est bornée par les fragmens de Terres que l'OCÉAN a détachés du Continent en s'emparant des terrains les moins élevés : ces fragmens sont : la Presqu'île de KAMTSCHATKA, les îles KURILES,

---

[a] Je me décide avec d'autant plus de raison à le nommer *Bassin de Bering*, que, d'une part, c'est l'expression de la reconnoissance publique envers un Navigateur à qui ses Découvertes dans cette partie ont coûté la vie; et que, de l'autre, la Dénomination de *Bassin du Nord* sera employée, par distinction de *Bassin du Sud*, pour la partie Septentrionale de la *Mer de Tatarie*, limitrophe du *Bassin de Bering*.

STATEN EYLAND [île des ÉTATS], COMPAGNIES LANDT [Terre de la COMPAGNIE], l'île, ou les îles CHICHA des Tatars Tonguses [le JESOGA-SIMA des Japonais], et les îles du JAPON.

J'appellerai cette MER INTÉRIEURE, qui forme deux Bassins se communiquant par les Détroits qu'a découverts LA PÉROUSE, la MER DE TATARIE.

Une de ses entrées pourroit être entre l'île de NIPHON et la partie Méridionale (l'île MATSUMA) de JESOGA - SIMA, par le Détroit de SANGAAR, situé vers le 41.ᵉ Parallèle, et très - peu connu : mais LA PÉROUSE a découvert, sur la ligne des KURILES, le DÉTROIT DE LA BOUSSOLE, préférable à cette Entrée.

En dedans du DÉTROIT DE SANGAAR, la MER DE TATARIE se développe et forme un Bassin circulaire d'environ 150 lieues de diamètre, entre les îles du JAPON et la TATARIE CHINOISE, pour se porter ensuite dans le Nord jusqu'au 52.ᵉ Parallèle, par un long Canal qui sépare du Continent la grande île SAGHALIEN - ULA HATA [île du Fleuve Noir ᵃ] que nous nommons île SAGHALIEN, SACHALIN, ou SEGHALIEN, et que LA PÉROUSE, d'après les Tatars Tonguses [ou Tongous], a nommée île TCHOKA.

Ce premier Bassin, qu'on peut appeler BASSIN DU SUD, communique avec celui du NORD par deux Détroits que forme la grande île TCHOKA, et dont un seul paroît praticable. Le premier est ce long Canal que j'ai déjà indiqué, et qui se prolonge jusqu'au 52.ᵉ Parallèle entre TCHOKA et le Continent. Il a la figure d'une MANCHE, de 190 lieues de longueur, de 60 de largeur, prise à la hauteur de la Pointe la plus Sud de l'île; et il se resserre dans le Nord, jusqu'à n'avoir plus que quatre lieues de large entre TCHOKA et la Côte de TATARIE : mais LA PÉROUSE qui a conduit dans cette MANCHE les premiers Vaisseaux européens qui y ayent navigué, et qui le premier nous l'a fait connoître, a trouvé le

---

ᵃ Ce Fleuve est appelé *Amur* par les Moscovites; *Helong-Kiang* par les Chinois, et *Saghalien-Ula* par les Tatars.

Détroit obstrué par les sables qu'y apportent sans doute le SAGHA-LIEN-ULA, dont l'Embouchure est située à 12 ou 15 lieues au Nord du Détroit ; car, en examinant la direction de cette Embouchure et la disposition de la Côte Nord-Ouest de l'île, laquelle s'oppose à la décharge du Fleuve, les sables et les terres qu'il charie, à l'époque de la fonte des neiges et des glaces, doivent être portés et s'accumuler à l'ouverture du Détroit. Ces sables, amoncelés par une longue succession de temps, semblent interdire aujourd'hui aux Vaisseaux toute communication par cette Passe, entre le BASSIN DU SUD et le BASSIN DU NORD. LA PÉROUSE s'éleva dans le CANAL jusqu'à 6 lieues de son extrémité Septentrionale : aucun courant, ni du Sud ni du Nord, ne se faisoit sentir ; et cette parfaite stagnation des eaux est un indice assez certain que le Passage est obstrué par les atterrissemens. On avoit observé qu'à mesure que l'on avançoit d'une lieue de plus dans le Nord, le fond s'élevoit de 3 brasses : du point où la Sonde en indiqua 9, des Canots furent détachés pour aller reconnoître le Passage ; mais, après s'être élevés d'une lieue dans le Nord, il n'eurent plus que 6 brasses d'eau. L'état de la mer et du vent ne permit pas de pousser plus loin la Reconnoissance ; mais tout porte à croire que le Passage, s'il est praticable, ne peut l'être que pour de légères embarcations.

LA PÉROUSE a imposé à ce long Bras de mer qui sépare la grande île TCHOKA du Continent, le nom de MANCHE DE TA-TARIE, par analogie avec notre MANCHE D'EUROPE, dont celle d'ASIE a la configuration sur une longueur beaucoup plus grande.

En redescendant du Nord au Sud, le long de la Côte Occidentale de TCHOKA, LA PÉROUSE a découvert un autre Détroit qui fait communiquer le BASSIN DU MILIEU avec le BASSIN DU NORD, et qui s'ouvre sur une largeur d'environ 4 lieues, entre la Pointe la plus Méridionale de TCHOKA et la partie Septentrionale de CHICHA ou JESOGA-SIMA : ce Passage a reçu le nom de DÉTROIT DE LA PÉROUSE. C'est par ce Détroit que notre Navigateur a passé du BASSIN DU MILIEU dans celui du NORD qu'il a traversé dans sa partie du Sud, pour en sortir par le DÉTROIT DE LA BOUSSOLE (Bâtiment monté par LA PÉROUSE), entre l'île MARIKAN au Nord-Est, et COMPAGNIES LANDT au Sud-Ouest : ce Détroit n'est ni le CANAL DU PIC, ni le DÉTROIT DE URIES, par lesquels les Hollandais avoient coupé et recoupé la Chaîne des KURILES, quand ils découvrirent et reconnurent la Côte Méridionale et partie de la Côte Nord de CHICHA, et la partie Sud-Est de la grande île TCHOKA [SAGHALIEN], dont LA PÉROUSE a reconnu la Côte Occidentale sur toute sa longueur, ainsi que la Côte opposée, celle de la TATARIE CHINOISE.

Le BASSIN DU NORD s'étend sur 360 lieues du Nord au Sud, et sur 200 lieues dans sa plus grande largeur. Il comprend dans le Nord-Est un Golfe formant deux Cornes, comme l'Extrémité Septentrionale de la MER ROUGE (ou mieux MER D'ARABIE) : la Corne de l'Est est nommée GOLFE DE PENGINA, PENZINA, ou PENZINSK, du nom du Fleuve qui a son Embouchure dans la partie la plus Nord de ce Golfe que les Cartes qualifient mal-à-propos de MER ; la Corne de l'Ouest est appelée GOLFE D'INGIGA. Dans la partie Occidentale du BASSIN DU NORD, est un grand Golfe désigné improprement par le nom de MER D'OKOTSK, emprunté de la Ville ou Bourgade d'OKOTSK, située à sa Côte du Nord : il sera mieux appelé GOLFE DE LAMA, nom qu'il reçoit des Tatars Tonguses. La partie du Sud du même Bassin présente un troisième Golfe, formé par COMPAGNIES LANDT et STATEN EYLAND, à l'Est ; par l'île CHICHA, au Sud ; et à l'Ouest, par la partie Sud-Est de la grande île TCHOKA, qu'occupent les Baies de PATIENCE et d'ANIWA[a] : ce Golfe sera nommé GOLFE DE CHICHA, du nom de la grande Terre qui le borne du côté du Sud : les petits GOLFES ou BAIES de PATIENCE et d'ANIWA, appartenant à l'île TCHOKA, conserveront les noms qu'ils ont reçus des Hollandais.

---

[a] Voyez les Cartes du *Voyage de la Pérouse*, N.os 39-46 et 47.

La Mer de Tatarie, dont j'ai dû présenter les détails, parce que l'on pouvoit dire, avant la Reconnoissance qu'en a faite LA Pérouse, qu'une partie ne nous en étoit pas connue, puisqu'elle ne l'étoit que par la Carte *de l'Asie* de D'Anville et celles des Russes, où elle se trouve défigurée [a], cette Mer, dis-je, communique avec une autre par un Détroit d'environ 25 lieues de largeur, ouvert entre la Côte Sud-Est de la Corée et l'île Kiusiu, la plus Méridionale de celles du Japon : ce Détroit prendra le nom de Détroit de Corée.

Mer
de Corée. La Mer qui succède dans le Sud-Ouest à celle de Tatarie, s'étend sur environ 200 lieues de longueur du Nord au Sud, et 140 de largeur de l'Est à l'Ouest. Elle pénètre assez avant dans les Terres par sa partie du Nord-Ouest, et y forme un Golfe

---

[a] En disant que la partie Méridionale de la *Mer de Tatarie* que *la Pérouse* a reconnue, est défigurée sur la Carte d'*Asie* de *d'Anville*, je suis bien loin de vouloir en faire un reproche à notre célèbre Géographe à qui la Géographie ancienne et moderne doit une grande partie de son perfectionnement, et dont l'*Europe* entière s'est empressée, et avec raison, de copier et de traduire les excellentes Cartes. Mais *d'Anville* ne pouvoit pas et ne devoit pas créer; il n'a pu que rapprocher et combiner, avec autant d'intelligence que de sagacité, les matériaux existans qu'il avoit à sa disposition ; et pour les Pays non encore connus ou mal connus, il a fait les Ouvrages les moins défectueux que l'on pût espérer; mais il ne lui étoit pas possible de les faire bons : c'est le cas où il s'est trouvé pour la partie Orientale du Nord de l'*Asie*, sur laquelle on avoit de son temps très-peu de connoissances, et que la Puissance qui les a sous sa domination, est loin encore de connoître parfaitement. *D'Anville* a tracé cette partie extrême de l'*Asie* d'après des Mémoires communiqués, vers le milieu de ce siècle, par les Missionnaires Jésuites qui eux-mêmes les avoient rédigés d'après les informations qu'ils avoient pu se procurer des Tatars. L'insuffisance de ces informations devoit principalement se faire sentir dans la partie hydrographique de leur travail; et la Carte des Découvertes des Hollandais qui, en 1643, reconnurent la partie Sud-Est de la grande île communément appelée *Saghalien*, n'y suppléoit pas, puisqu'ils n'avoient rien reconnu entre cette île et la grande Terre. Si l'on est étonné, c'est que *d'Anville* n'ait pas fait un ouvrage plus défectueux avec des matériaux de la nature de ceux qu'il étoit forcé d'employer; et il paroît que les Russes eux-mêmes, actuellement possesseurs de cette

profond

profond qui se prolonge d'abord du Sud au Nord, et se porte ensuite dans l'Ouest par un retour d'équerre, à l'extrémité duquel se trouve l'Embouchure du *Fleuve* qui baigne dans son cours la Ville de PEKING, Capitale de l'Empire de la CHINE. Les Chinois ont nommé ce Golfe HOANG-HAI [Mer jaune], Dénomination qui ne peut être admise; car un *Golfe* n'est pas une *Mer*, et les eaux de celui-ci ne sont pas *jaunes*: il seroit mieux nommé, sans doute, le Golfe de PEKING. Cette seconde MER de l'Est de l'ASIE peut être appelée MER DE CORÉE, pour la distinguer de la MER DE CHINE, avec laquelle elle communique par le Détroit qui s'ouvre entre la Côte de la CHINE et l'île TAI-OAN [FORMOSA]. Elle est formée : au Nord; par la Côte Méridionale de la Presqu'île de CORÉE; à l'Ouest, par la CHINE; à l'Est,

partie la plus Orientale du Nord de l'Ancien Continent, n'ont su faire rien de mieux que de copier, en général, dans leurs grandes Cartes de l'Empire de *Russie*, publiées en Russe et en Latin, en 1776 et en 1786, la 3.ᵉ partie de la Carte d'*Asie* que d'*Anville* avoit donnée en 1753; et il est facile de s'assurer, en comparant ces Cartes, qu'ils n'ont presque rien ajouté à ce que notre Géographe avoit produit.

En effet, on voit que, sur toutes ces Cartes, la Pointe la plus Méridionale de leur *Saghalien-Ula Hata*, île *Tchoka* des *Tatars Mangous*, est placée à 48 degrés ¼ de Latitude; tandis que les Observations faites dans le Voyage de *la Pérouse* la fixent à 46 degrés moins quelques minutes, et qu'elles alongent conséquemment cette île de près de 40 lieues marines dans le Sud. Il en résulte : 1.° que ce qui est marqué sur la Carte de d'*Anville*, comme étant l'ou-

verture du Canal qui sépare *Saghalien-Ula Hata* du Continent, entre le Cap *Patience* et la grande Terre, n'est, en réalité, que le *Golfe de Patience*, situé à la partie Sud-Est de l'île, et découvert, en 1643, par les Vaisseaux hollandais *le Kastrikum* et *le Breskers* : 2.° qu'un premier Golfe que d'*Anville* fait appartenir au Continent, à 2 degrés ½ moins Nord que le Cap *Patience*, et qui s'ouvre entre son Cap *Aniwa* et *Vlack-hoek* [la Pointe noire des Hollandais], est encore un Golfe de *Saghalien-Ula Hata*, lequel s'enfonce dans la partie Méridionale de l'île entre deux Langues étroites de terre : 3.° enfin qu'un second Golfe que d'*Anville* trace sur le Continent dans l'Ouest-Sud-Ouest du premier, entre la Pointe *Vlack-hoek* et une autre Pointe plus Occidentale, est en réalité la grande Embouchure du Canal qui sépare *Saghalien-Ula Hata* de la Terre de *Tatarie*, et que *la Pérouse*, pour cette

par l'île de KIUSIU, la plus Occidentale de celles du JAPON, et l'Archipel des LIEÛ-KIEÛ, ou LEKEYO; et au Sud, par la partie Septentrionale de TAI-OAN. Elle a ses communications avec le GRAND OCÉAN, par les Canaux qui séparent les îles, et dont le principal est entre TAI-OAN et les plus Méridionales des LIEÛ-KIEÛ : c'est par ce Passage que LA PÉROUSE, en venant de la MER DE CHINE, est entré dans celle de CORÉE [a].

Mer de CHINE.

LA TROISIÈME MER, en descendant du Nord au Sud le long de la Côte Orientale d'ASIE, est la MER DE CHINE. Elle est bornée au Nord par l'île TAI-OAN [*FORMOSA*]; à l'Occident, par les Côtes de la CHINE, les Côtes de CAMBAIE et celles de la Presqu'île de MALAIE; au Midi, par les îles de BANKA et BILLITON; à l'Orient, par l'île de BORNEO et l'Archipel de SAN-LAZARO [les *PHILIPINAS*].

raison, a nommé *Manche de Tatarie*.

On voit aussi sur la Carte de *d'Anville*, à 42 degrés ¼ de Latitude, un *DÉTROIT DE TESSOI*, d'environ 3 lieues de largeur, formé entre *Jesoga-Sima* [*Chicha* des Tonguses et de la *Pérouse*] et la Côte de la *Tatarie Chinoise* : il est certain que ce Détroit n'existe pas. *La Pérouse* qui a reconnu cette Mer depuis le Détroit d'entre la *Corée* et *Kiusiu*, la plus Méridionale des îles du *Japon*, par 33 degrés ½ de Latitude, et qui, de cette hauteur, s'est élevé à vue de la Côte de *Tatarie* jusqu'à 52 degrés, n'a rencontré aucun Détroit sur l'étendue de Mer de 390 lieues marines qu'il a parcourue; mais, au contraire, il a trouvé une Mer ouverte; et même, à la hauteur de 42 degrés ¼, où la Carte de *d'Anville* place ce prétendu *Détroit de Tessoi*, le Canal est si large entre la *Tatarie* et *Chicha* ou

Jesoga-Sima, que, du haut des mâts, on n'apercevoit pas les terres de cette île, qui cependant sont élevées.

Je ne pousse pas plus loin la comparaison des deux Cartes : je crois en avoir dit assez pour prouver que la partie de la *Mer de Tatarie* que *la Pérouse* a visitée, n'étoit pas *connue* avant qu'il en eût fait la Reconnoissance; car certainement la Mer que les Cartes indiquoient, n'est pas celle qu'il a découverte, et dont il nous a donné la Description.

[a] Je suppose que, pour tout ce qui concerne les *Mers* situées à l'Orient du Continent d'*Asie*, le Lecteur aura sous les yeux des Cartes particulières de ces *Mers* dont la petitesse de l'Échelle de ma Carte n'a permis que d'indiquer les principaux détails, sans qu'il fût possible d'y faire entrer les noms des îles sans nombre qui forment l'enceinte de chaque *Mer*.

Cette MER communique avéc le GRAND-OCÉAN ÉQUINOXIAL, par les Canaux, les Passages sans nombre, que forment les îles qui la limitent à l'Orient et au Midi : *elle comprend dans sa partie Occidentale le GOLFE DE SIAM et celui de TONKIN.*

A LA SORTIE de la MER DE CHINE, ce grand Canal que nous avons suivi sur une direction Nord-Est et Sud-Ouest, depuis le 63.ᵉ Parallèle Nord jusqu'au Sud de l'Équateur, sous les Noms de MER DE TATARIE, ensuite de MER DE CORÉE, puis enfin de MER DE CHINE, change sa direction sous le 4.ᵉ Parallèle Austral, et se porte dans l'Est par un retour d'équerre : et cette Branche Orientale se subdivise en trois petites MERS intérieures de la même espèce que les précédentes.

La première est bornée, du côté de l'Ouest, par les îles BANKA et BILLITON, qui terminent au Sud la MER DE CHINE; et du côté de l'Est, par la partie Méridionale de l'île CÉLÈBES, et par SALAYR, CALOURO, et autres petites îles qui forment une Chaîne entre CÉLÈBES et FLORES : elle est limitée au Sud par les îles de JAVA, BALLY, LOMBOCK, SUMBAWA, MANGERY et la partie Occidentale de FLORES ; et au Nord, sur la plus grande partie de sa longueur, par la Côte Méridionale de BORNEO. Elle pourroit être nommée *Mer des Détroits,* car elle en présente un grand nombre ; mais elle sera mieux désignée par le nom de MER DE BORNEO. Elle communique, du côté de l'Ouest, avec la MER DE CHINE, par le DÉTROIT DE BANKA, par celui d'ENTRE BANKA ET BILLITON, et par le grand Passage qui s'ouvre d'environ 35 lieues entre BILLITON et BORNEO.

La seconde MER qui se présente sur le retour d'équerre du grand Canal, est située dans le Nord de la partie Orientale de la première, et communique avec celle-ci par le DÉTROIT ou CANAL DE MACASSAR, qui laisse entre BORNEO et CÉLÈBES un Passage de 30 à 40 lieues de large, réduit à 20 lieues à la sortie dans le Nord, sur environ 100 lieues de longueur. De ce Canal, on passe dans une MER que nous nommerons MER DES PHILIPPINES :

Mer
de BORNEO.

Mer des
PHILIPPINES.

E 2

elle est bornée au Sud par l'île CÉLÈBES; dans le Sud-Ouest, par la partie Nord-Est de BORNEO; dans le Nord-Ouest, par l'île PALAWAN [ou PARAGUA]; au Nord, au Nord-Est, à l'Est et au Sud-Est, par les PHILIPPINES : elle est partagée en deux Bassins, BASSIN DU NORD et BASSIN DU SUD, par une chaussée naturelle, composée de petites îles nombreuses, dont trois seulement, BASSEE-LAN, SOOLOO, et TAWEE-TAWEE, sont d'une certaine étendue : cette espèce de digue, connue sous le nom d'ARCHIPEL DE SOOLOO (*Soulou* pour la prononciation française), se dirige sur une ligne Nord-Est et Sud-Ouest, de la Pointe la plus Occidentale de MINDANAO à la Pointe Nord-Est de BORNEO; et nous devons au savant ALEXANDER DALRYMPLE de connoître avec détail ce petit Archipel, dont ses Observations et ses travaux hydrographiques ont débrouillé le chaos. C'est par les Passages que présentent les îles qui le composent, que les deux Bassins communiquent entre eux; et ils ont leur communication respective avec le GRAND OCÉAN, par les Canaux que laissent entre elles les nombreuses îles qui forment l'enceinte de la MER entière des PHILIPPINES.

Mer
de NOUVELLE-
GUINÉE.

LE CANAL navigable que les empiétemens de l'OCÉAN ont formé sur toute la longueur de la Côte Orientale de l'ASIE, entre la masse du Continent et les fragmens de la grande Terre, que ces empiétemens en ont séparés, ne se termine pas à ce retour dans le Nord, que j'ai nommé la MER DES PHILIPPINES; il se prolonge encore vers l'Est au-delà de la MER DE BORNEO, avec laquelle ce retour communique, et il va former une dernière MER que je nommerai la MER DE NOUVELLE-GUINÉE. Celle-ci est bornée, dans le Sud, par la Côte Nord-Ouest de la NOUVELLE-HOLLANDE, dans laquelle je comprends le GOLFE DE LA CARPENTARIE; elle l'est dans le Nord, par les îles de JAVA, BALLY, LOMBOCK, SUMBAWA, SANDEL-WOOD, ROTTO, TIMOR, et toutes les petites îles semées dans les intervalles que laissent entre elles les îles principales; plus au Nord où elle se porte ensuite, elle est limitée par les îles situées dans le Nord-Ouest et à l'Ouest de la Pointe Nord-Ouest de la NOUVELLE-GUINÉE, telles que WAIGIOU, GILOLO, CÉRAM, les MOLUQUES [*MALUCAS*], &c.; ses autres limites sont, à l'Ouest, l'île CÉLÈBES, et à l'Est, la NOUVELLE-GUINÉE. Cette MER communique avec la MER DE BORNEO par les Passages que laissent entre elles les îles qui bornent cette dernière MER à l'Est dans le Sud de CÉLÈBES; et avec le GRAND OCÉAN, par tous les Détroits que présentent les intervalles des îles jetées en grand nombre dans la partie Septentrionale de l'Espace que son circuit embrasse. L'Entrée principale de cette MER DE NOUVELLE-GUINÉE se trouve évasée entre la Côte de JAVA et la NOUVELLE-HOLLANDE, et elle forme un entonnoir, comme les Côtes d'EUROPE et d'AFRIQUE à l'Ouest du Détroit de GIBRALTAR; mais elle se resserre entre l'île de TIMOR et la TERRE D'ARNHEIM, où elle n'a pas 60 lieues d'ouverture.

LA PARTIE Nord-Est de la Côte Orientale de la NOUVELLE-HOLLANDE que le Capitaine COOK a découverte et à laquelle il a imposé le nom de NEW-SOUTH-WALES [Nouvelle-Galles Méridionale], forme avec l'ARCHIPEL DES ÎLES DE SALOMON et celui DEL ESPIRITU SANTO, un grand Golfe terminé au Nord, en première ligne, par la LOUISIADE DE BOUGAINVILLE et une portion de la NOUVELLE-GUINÉE, et en seconde ligne, par la NEW-BRITAIN [Nouvelle-Bretagne], de DAMPIER. Ce Golfe pourroit être nommé GOLFE DE LA NOUVELLE-HOLLANDE, si cette Dénomination ne devoit être réservée pour la partie de Terres, renfoncée et encore inconnue, qui se trouve comprise entre la TERRE DE LEWIN, à l'Ouest, et la TERRE D'ANTHONY VAN DIEMEN, à l'Est : nous le nommerons le GOLFE DU SUD-EST DE LA NOUVELLE-GUINÉE, puisque, au Nord et à l'Est, il est limité ou par la NOUVELLE-GUINÉE même, ou par des ARCHIPELS qui peuvent être considérés comme le prolongement déchiqueté de cette grande Terre. Le GOLFE ne peut être confondu avec la MER du même nom. Leurs communications ne sont pas encore toutes connues : on sait seulement qu'ils communiquent par le DÉTROIT dangereux de l'ENDEAVOUR, qui présente un Passage de 3 ou 4 Milles au plus de largeur, entre la Pointe extrême du Nord-Est de la NOUVELLE-HOLLANDE et une Chaîne de petites îles en dépendantes, par lequel COOK est parvenu à passer du GOLFE dans la MER de NOUVELLE-GUINÉE.

Il est très-douteux que l'on puisse découvrir quelque autre Passage plus facile sur l'espace de Mer qui sépare la NOUVELLE-GUINÉE de la NOUVELLE-HOLLANDE ; il paroît que, jusqu'à présent, les tentatives n'ont pas été suivies du succès [a]; et il n'est même pas hors de vraisemblance que c'est en cherchant un Passage dans cette partie, que LA PÉROUSE, qui s'étoit proposé de tenter cette Découverte, a terminé malheureusement son Voyage du Tour du Monde [b].

[a] La Frégate anglaise la *Pandora*, qui avoit été expédiée, il y a six ou sept ans, pour aller à *o-Taïti* soumettre et ramener en *Angleterre*, pour y être puni, l'Équipage du *Bounty* qui s'étoit révolté (en Avril 1789) sous le commandement du Capitaine *W. Bligh*, tenta, à son retour, de traverser le *Grand Archipel d'Asie* entre la *Nouvelle-Hollande* et la *Nouvelle-Guinée*, par une Latitude moins Sud que le *Détroit de l'Endeavour :* elle échoua sur des Brisans en pleine mer ; et l'équipage, distribué dans les Bâtimens à rames de la Frégate, aborda à la *Nouvelle-Hollande*, et gagna la *Mer de Nouvelle-Guinée*, en passant par le *Détroit de l'Endeavour*, seul Passage que, jusqu'à présent, on ait reconnu pour être praticable.

On croit que deux autres Navires anglais qui, postérieurement, ont fait la même tentative, ont éprouvé un sort pareil : du moins assure-t-on que des Matelots, provenant de ces deux Bâtimens, arrivèrent à *Batavia* dans des chaloupes, et rapportèrent qu'ayant été commandés pour chercher un Passage par où les Vaisseaux pussent traverser entre la *Nouvelle-Hollande* et la *Nouvelle-Guinée*, ils avoient abordé à cette dernière Terre où une partie de l'Équipage des embarcations avoit été tuée dans des engagemens avec les Papous : le petit nombre d'Anglais qui échappèrent au massacre, passa sur les chaloupes par le *Détroit de l'Endeavour*, et parvint heureusement à *Batavia;* mais il paroît que, depuis lors, on n'a pas entendu parler des Vaisseaux ; et il est trop à craindre que, comme la *Pandora*, ils ne se soient perdus entre les deux Terres.

[b] Je ferai remarquer, par forme de Digression, qu'à commencer du 63.ᵉ Parallèle Nord, et redescendant jusqu'au

La Nouvelle-Hollande, l'île de Sumatra et le Pégu, à l'Est; les Côtes Orientales d'Afrique, à l'Ouest; et au Nord, les Côtes de l'Arabie, de l'Indostan et du Bengale, forment un

Grand Golfe de l'Inde.

Tropique du Sud, c'est-à-dire, sur un développement de 86 degrés de Latitude, où près d'un quart de la circonférence du Globe, la Côte Orientale de l'Ancien Continent, principalement sur l'espace renfermé entre les Tropiques, a été brisée et déchiquetée, dans la succession des siècles, par le travail lent et continu de l'*Océan*, qu'a vraisemblablement précédé et préparé quelque grande convulsion qui opéra la première rupture des Terres. Toute cette Côte ne présente que des débris, que des ruines : l'immense quantité d'Iles de toutes grandeurs dont les bords n'offrent que des anfractuosités; les Bassins plus ou moins vastes; les Détroits plus ou moins larges; les Bras de Mer, les Canaux tortueux plus ou moins resserrés; les Écueils sans nombre, ou jetés çà et là, ou rassemblés par Groupes et formant des Ressifs; les Courans de directions variées et souvent contraires, qui indiquent les irrégularités d'un Fond coupé par des montagnes et plus ou moins exhaussé ; tout prouve que de grands affaissemens, de grandes dégradations, ont eu lieu dans cette partie dévastée de l'Ancien Monde. La *Mer de Tatarie*, celles de *Corée*, de *Chine*, de *Borneo*, des *Philippines*, et la *Mer de Nouvelle-Guinée*, communiquent de l'une à l'autre par des Détroits ou des Canaux navigables, confondent leurs Eaux, reçoivent dans le Flux celles du *Grand*

Océan, qu'elles lui reportent dans le Reflux, et peuvent être considérées comme formant un Canal sinueux et non interrompu, de 2400 lieues de longueur, sur une largeur variable de 100 à 200 lieues. Ce long Canal est limité sur toute son étendue, du côté de l'Occident, par les Terres de l'*Asie* et les grandes îles de *Sumatra* et *Java*, qui ne sont qu'un prolongement du Continent dont elles furent détachées : du côté de l'Orient, le Canal est borné par cette Chaîne prolongée d'îles de différentes grandeurs, de Rochers, de Ressifs, de Haut-fonds, formant une espèce de Chaussée, une Digue, qui offre dans ses coupures d'innombrables Passages : on peut même remarquer qu'un Canal et une Digue semblables se prolongent sur la Côte Orientale de la *Nouvelle-Hollande*, jusqu'à la hauteur du Tropique; et c'est entre cette Digue et la grande Terre que *Cook* a fait cette Navigation si longue, si périlleuse, dans laquelle on ne sait ce qu'on doit admirer le plus, ou son intrépidité au milieu des Écueils, ou l'habileté de ses manœuvres pour en dégager son Vaisseau.

Mais si, après avoir arrêté nos regards sur les Côtes Orientales de notre Continent, nous les portons sur ses Côtes Occidentales, celles de l'*Afrique* et de l'*Europe*, nous n'y apercevrons rien de semblable : cette lisière de l'Ancien

immense GOLFE, si improprement qualifié d'*OCÉAN ORIENTAL*, puisque , comme on l'a vu , il n'est *Oriental* qu'à l'égard de l'AFRIQUE. Mais il m'est impossible de voir un OCÉAN dans un

Monde, depuis le Cap de *Bonne-Espérance* jusqu'au Cap Nord de la *Laponie*, présente un Littoral continu, baigné immédiatement par la masse des Eaux de l'*Océan Atlantique*, et dont le Tracé n'est interrompu que par les Embouchures des Fleuves, et par les Détroits de *Gibraltar* et du *Sund* qui ont ouvert à l'*Océan* des Passages étroits par où il s'est porté fort avant dans les terres, et s'est développé sur les terrains bas de l'intérieur, dont il s'est emparé : je ne regarde pas les Iles *Britanniques*, détachées du Continent dont elles firent partie, comme une solution de continuité du Littoral Occidental de l'Ancien Monde.

Traversons à présent l'*Océan Atlantique*, et portons-nous à la côte Orientale de l'*Amérique :* nous verrons que, depuis le 70.ᵉ Parallèle Nord jusqu'en dessous du Tropique du *Cancer,* la rupture des Terres nous rappelle ce que nous avons observé sur la Bande Orientale de l'Ancien Continent. Dans le Nord, les Baies de *Baffin* et de *Hudson,* et le *Golfe Saint-Laurent,* avec les îles qui en dépendent, indiquent une cause pareille à celle qui a formé la *Mer de Tatarie;* et, entre le Tropique et la Ligne Équinoxiale, une suite d'îles jetées au large, forme avec la grande Terre, profondément creusée dans cette partie, la *Mer des Antilles,* qui se trouve située entre des Parallèles qui diffèrent peu

de ceux qui limitent la *Mer de Chine.*

A la Côte Occidentale de l'*Amérique,* au contraire, on peut dire que, sur toute sa longueur, le Littoral même du Continent sert de limite immédiate au *Grand Océan :* seulement, la partie Méridionale de cette longue Terre a été tourmentée et partagée en un grand nombre d'îles peu distantes les unes des autres, par la convulsion qui a détaché du Continent l'Archipel de la *Tierra del Fuego,* et a formé le long et tortueux *Détroit de Magellan;* comme, dans sa partie Septentrionale où l'on voit les Montagnes brûler sous la neige, l'explosion qui a séparé les deux Mondes, en ouvrant un passage à l'*Océan* par le Détroit de *Bering,* a réservé la Chaîne des *Aleutiennes,* qui forme un Bassin avec les Côtes du Nord-Ouest de l'*Amérique* et du Nord-Est de l'*Asie.* Mais les îles qui bordent une partie de ces côtes du Nord - Ouest du Nouveau Continent entre 52 et 58 degrés de Latitude, ainsi que celles qui sont répandues sur une étendue de 10 degrés, dans sa partie Australe, au-dessus de la Bouche Occidentale du *Détroit de Magellan,* tiennent, en quelque sorte, à la grande Terre dont elles ne sont séparées que par des Canaux étroits qu'on prendroit pour des Rivières, si leurs eaux avoient un cours; et l'on ne voit dans aucune partie de la Bande Occidentale de l'*Amérique,* comme nous le voyons à sa

Enfoncement,

Enfoncement, quelque large et profond qu'il soit, que le GRAND-OCÉAN ÉQUINOXIAL a formé entre la Presqu'île que nous nommons AFRIQUE, et les Fragmens de la partie Méridionale-Orientale

Côté Orientale, des parties du Continent détachées de la masse, et formant avec elle des Bassins, des *Mers intérieures* à plusieurs issues.

Ainsi, dans le tableau général des deux Continens, considérés l'un et l'autre en masse, les Côtes Orientales du Nouveau, comme celles de l'Ancien, présentent, sur une grande partie de leur étendue, des Terrains isolés, des débris épars, *fractas ex Æquore Terras*, suivant l'expression du poëte *Ovide*, lesquels attestent, d'une part, que d'anciennes irruptions de l'*Océan* ont abymé des Terres, et, de l'autre, que l'action continue de ses Eaux, chassées vers les Côtes Orientales de l'un et de l'autre Continent, par un mouvement général et constant d'Orient en Occident, attaque ces Côtes, les dégrade, en disperse les parties les plus faciles à désunir, et ne laisse subsister entières, pour le moment, que les parties plus solides qui opposeront à ses efforts une plus longue résistance : tandis que les Côtes Occidentales, abritées par la masse du Continent qu'elles limitent, se maintiennent dans leur intégrité, peut-être même s'accroissent par le transport des terres que les pluies abondantes, s'écoulant en torrens, charient à la Mer dont elles doivent exhausser le fond, et qui, dans quelques parties des Côtes, ont pu déjà former des atterrissemens.

L'effet que doit produire des deux côtés l'action continuelle des Eaux contre les Côtes Orientales, ne peut qu'être un effet très-lent, et l'observation des siècles ne suffit pas encore pour nous le rendre sensible; mais, si l'on considère avec attention les tableaux différens que nous présentent les Côtes opposées des Continens, on ne peut pas plus méconnoître la cause qu'on ne peut douter de l'effet. Ce qui donne plus de probabilité à cette conjecture, c'est que la dégradation des Terres est beaucoup plus considérable à la Bande Orientale de l'*Asie*, qu'elle ne l'est à celle de l'*Amérique*; et cette différence doit exister : car, le *Grand Océan*, par le mouvement constant des Eaux d'Orient en Occident, faisant de continuels efforts contre les Côtes d'*Asie* avec une masse qui a trois fois plus de largeur, et qui, conséquemment, en supposant les longueurs égales et les profondeurs proportionnelles aux largeurs, a neuf fois plus de solidité ou de masse, que celle avec laquelle l'*Océan Atlantique* agit contre les côtes de l'*Amérique*, la première masse, à vîtesses égales, doit avoir une force neuf fois plus grande que la seconde; et, des deux côtés, la plus grande action doit avoir lieu, et le plus grand effet se faire sentir, dans le voisinage de l'Équateur, parce que c'est dans cette partie que l'un et l'autre bras de l'*Océan* agit

.F

du Continent de l'Asie; je n'y vois et n'y puis voir qu'un GOLFE du GRAND OCÉAN, de plus de 1500 lieues marines [a] d'ouverture au Sud, sur une profondeur qui le porte jusqu'à 1200 lieues dans le Nord; comme je vois, dans l'OCÉAN ATLANTIQUE, un autre grand GOLFE que l'on n'a jamais imaginé de qualifier d'OCÉAN, lequel s'ouvre entre l'île de TERRE-NEUVE et la partie la plus Occidentale du Continent de l'AMÉRIQUE MÉRIDIONALE, sur une largeur d'environ 1000 lieues, et se porte dans l'Ouest sur une profondeur de 1200.

J'avoue que c'est à regret, et pour déférer à un abus de mot trop généralement adopté et peut-être trop difficile à déraciner du premier coup, que, dans la première Édition de ma Carte, je m'étois soumis à écrire au milieu de ce grand Golfe, le nom de *MER DES INDES :* car, je le demande, qu'est-ce qu'une MER qui s'ouvre, à son entrée, de plus de 1500 lieues marines, ouverture presque égale au quart de la circonférence du Globe! Je ne puis reconnoître pour une MER, qu'une portion des Eaux de l'OCÉAN qui soit cernée de toutes parts par des portions de Continent, ou par des îles, lesquelles formant un Bassin, laissent une ou plusieurs issues à l'Eau et aux Vaisseaux pour communiquer avec l'OCÉAN.

Ainsi, pour appliquer une Dénomination de situation à ce

avec la plus grande masse : aussi voyons-nous que, des deux côtés, c'est, en général, sur la Bande Équinoxiale que les Côtes Orientales sont le plus tourmentées, le plus déchiquetées; et le plus grand effet se manifeste sur les portions de chaque *Océan* où la largeur est la plus grande, c'est-à-dire, pour l'*Océan Atlantique,* entre les Parallèles de 5 à 27 degrés Nord, où s'est formée la *Mer des Antilles ;* et pour le *Grand Océan,* dans l'intervalle entier des deux Tropiques, parce que c'est à l'Équateur même qu'il a le plus d'étendue :

c'est sur cette Bande Équinoxiale que l'on voit ces îles sans nombre et de toutes les grandeurs, ou groupées en Archipels, ou disposées en digues, ou éparses et solitaires, lesquelles forment, par leur distribution ou leur assemblage, de vastes Bassins de figures diverses, qui se succèdent et se communiquent, et que j'ai nommés Mers intérieures de la seconde espèce, ou *Mers à plusieurs issues.*

[a] Entre la *Terre* de *Lewin* de la *Nouvelle-Hollande* à l'Est, et les Terres méridionales de l'*Afrique* à l'Ouest.

GOLFE du GRAND-OCÉAN ÉQUINOXIAL, qui s'ouvre entre la NOUVELLE-HOLLANDE et la Pointe Méridionale de l'AFRIQUE, et qui, à partir du 35.e Parallèle Sud, d'une part, et du 44.e de l'autre, se porte dans le Nord jusqu'au 30.e Parallèle Boréal, où il est borné, ainsi que sur sa Bande Orientale, par les Terres de cette portion de l'ASIE que nous désignons par le nom générique d'INDES ORIENTALES, je l'appellerai le GRAND GOLFE DE L'INDE : je distinguerai dans sa partie Septentrionale, deux Golfes particuliers, séparés par la Presqu'île de l'INDOSTAN, savoir ; à l'Orient de la Presqu'île, le GOLFE DU GANGE ; à l'Occident, le GOLFE DU SINDE [l'*Indus* des Anciens] ; et dans sa partie du Nord-Ouest, deux petites MERS intérieures : la MER D'ARABIE, autrefois le *Sinus Arabicus,* désignée plus convenablement par ce nom que par celui de *MER ROUGE* [a] ; et la MER DE PERSE, connue sous le nom de *GOLFE PERSIQUE,* ou de BASRAH [*BASSORA* par corruption], et qui a bien autant de droit à la qualification de MER, que la MER DE LAPONIE, improprement appelée *MER BLANCHE,* dont la surface n'égale pas celle de la MER DE PERSE : je réduirai à la qualification de BAIE, la seule qui leur soit applicable, le GOLFE DU PÉGU, le GOLFE DE SURATE, &c.

  Le GRAND GOLFE DE L'INDE forme un vaste Bassin qui sert d'entrée et de sortie communes, non-seulement aux deux MERS de la première espèce, celles d'ARABIE et de PERSE, mais encore à la MER DE NOUVELLE-GUINÉE, par le grand Passage qui s'ouvre entre la NOUVELLE-HOLLANDE et les îles Méridionales du GRAND ARCHIPEL D'ASIE ; à la MER DE BORNEO, par le

Mer d'ARABIE.

Mer de PERSE.

---

[a] Les Anciens appliquoient à la partie du *Grand Océan* qui s'étend depuis la *Mer d'Arabie* jusqu'à l'*Inde,* la dénomination de *Mer Érythrée,* d'un roi *Érythras* dont on ne connoît rien de plus que le nom qui, en Grec, signifie *rouge.* D'après la signification que ce nom propre tient du hasard, on s'imagina que les eaux de cette partie étoient d'une couleur rouge : et le temps qui a détruit l'erreur, semble avoir respecté la dénomination qui y avoit donné lieu.

DÉTROIT DE LA SONDE; à la MER DE CHINE, par ce même Détroit et par celui de MALACCA ou MALAC; et, conséquemment, à la MER DE CORÉE et à celle de TATARIE, qui communiquent, de l'une à l'autre, avec la MER DE CHINE : ainsi, les Vaisseaux qui partent du GOLFE DE L'INDE peuvent, sans gagner la GRANDE MER, pénétrer par les MERS INTÉRIEURES, depuis l'Équateur jusqu'au-delà du 60.ᵉ degré de Latitude Boréale.

Canal de
MOZAMBIQUE
ou de
MADAGASCAR.

LE GOLFE DE L'INDE contient dans sa partie Méridionale-Occidentale la grande île de MADAGASCAR [ou *MADECASSE* dans la Langue du pays], séparée du Continent par le CANAL DE MOZAMBIQUE. Ce Canal seroit mieux désigné, sans doute, par la dénomination de CANAL DE MADAGASCAR, puisque la Côte Occidentale de cette île le limite sur toute sa longueur du Nord au Sud; tandis que l'île de MOZAMBIQUE n'est qu'un Point sur le Continent : mais les Portugais, après avoir prolongé et contourné l'AFRIQUE MÉRIDIONALE, sous la conduite de VASCO [ou VASQUÈS] DE GAMA, abordèrent, en 1498, à MOZAMBIQUE, avant que d'avoir découvert l'île de MADAGASCAR; ils imposèrent au Canal dont les Eaux, emportées par un Courant rapide, coulent, pour ainsi dire, du Nord au Sud entre l'île et la grande Terre, le nom du premier et du principal Établissement qu'ils ayent formé dans cette partie de l'Ancien Monde : et l'on peut faire valoir pour laisser subsister ce nom, qui n'est pas absolument impropre, la volonté du *Découvreur* d'une part, et, de l'autre, une possession de trois siècles.

Grand
ARCHIPEL
D'ASIE.

AVANT que de quitter ces Régions Orientales de l'Ancien Continent, la partie du Globe la plus irrégulière, et qui présente la plus forte empreinte d'une révolution, nous remarquerons que dans l'Est et le Sud-Est des Terres les plus Méridionales de l'ASIE, s'étend et se prolonge fort au loin vers l'Orient, un ARCHIPEL immense, composé de l'île TAI-OAN *[FORMOSA]*, des PHILIPINAS, de BORNEO, de SUMATRA, JAVA et autres îles de la SONDE, de CÉLÈBES, des MOLUQUES et GILOLO, de la

NOUVELLE-GUINÉE, de la NOUVELLE-BRETAGNE, de la LOUI-
SIADE, des îles DE SALOMON, des îles SANTA-CRUZ, de celles
DEL ESPIRITU SANTO, de la NEW-CALEDONIA, &c. J'appellerai
la réunion de ces îles sans nombre, qui forment entre elles plusieurs
ARCHIPELS particuliers, le GRAND ARCHIPEL D'ASIE : et sans
doute on devroit y faire entrer la NOUVELLE-HOLLANDE et la
NOUVELLE-ZÉLANDE, si la grande étendue de l'une, et le trop
grand éloignement de l'autre, ne leur assignoient des rangs à part
dans l'ordre et le système géographiques : car toutes ces Terres et
ces Iles ensemble paroissent avoir été séparées de la masse du
Continent, par quelque secousse de la Nature, par quelque grande
convulsion du Globe, laquelle a affaissé et abymé sous les Eaux
les terrains bas qui unissoient les terres hautes.

QUAND on a contourné l'AFRIQUE par le Sud pour entrer
dans l'OCÉAN-ATLANTIQUE, et que l'on remonte dans le Nord,
le Continent se creuse entre le Cap NEGRO et le Cap de LAS
PALMAS, et forme deux enfoncemens : le premier, entre le Cap
NEGRO et celui de LOPO GONZALVEZ, peut être appelé GOLFE
DE CONGO ; le second, entre le Cap de LOPO GONZALVEZ
et le Cap de LAS PALMAS, a reçu le nom de GOLFE DE
GUINÉE.

DE CETTE HAUTEUR, jusqu'au 36.ᵉ Parallèle Nord où finit
l'AFRIQUE et commence l'EUROPE, l'OCÉAN n'a pas entamé les
Terres d'une manière qui soit remarquable ; mais ici, il s'est
ouvert un Passage entre les Montagnes CALPÉ et ABYLA, s'est
répandu dans une profonde vallée entre l'EUROPE et l'AFRIQUE,
jusques au Mont LYBAN : et le même fossé sert de limites aux
trois Parties de l'Ancien Monde. Cette *MER INTÉRIEURE*, qu'a
formée l'irruption de l'OCÉAN, et que l'ignorance des premiers
siècles a fait nommer LA MÉDITERRANÉE par excellence, parce
que la MER BALTIQUE, celle qui comprend les BAIES DE BAFFIN
et de HUDSON, et d'autres non moins *méditerranées*, étoient
encore inconnues ; cette MER, dis-je, est bornée à l'Orient par

la portion de l'ASIE qui vient s'enclaver entre l'EUROPE et l'AFRIQUE : mais, avant que d'y parvenir, ses Eaux creusent dans le Nord le GOLFE DU LION [*Sinus Leonis* [a]], improprement appelé GOLFE DE LYON [*Lugduni*], et dans l'Est de celui-ci, le GOLFE DE GÈNES : elles séparent de l'ITALIE, les îles de CORSE et de SARDAIGNE ; et, après avoir passé dans le Sud-Est par les deux Canaux qui isolent la SICILE, elles se développent dans un Bassin dont le GOLFE peu connu de LA SYDRE [*Syrtis major* des Anciens] occupe la partie Méridionale ; de là, leur lit se rétrécit, et, prenant leur direction à l'Est, elles baignent l'île de CANDIE [*Creta*] et celle de CHYPRE [*Cyprus*], reçoivent au Sud la décharge du NIL, et s'étendent jusqu'à la Côte de SYRIE qui borne à l'Orient notre MÉDITERRANÉE : mais, parvenues à la hauteur de l'île de CANDIE, les Eaux se partagent en deux Bras, dont l'un se dirigeant au Nord-Ouest, va former le GOLFE DE VENISE, ou GOLFE ADRIATIQUE, et l'autre, prenant sa direction au Nord, forme l'ARCHIPEL DU LEVANT, anciennement la MER ÆGÉE, qui a droit à la qualification de MER, puisque, environné par les Terres du Continent, au Nord, à l'Est et à l'Ouest, il est borné au Sud par la longue île de CRÈTE, et a ses communications avec la grande MÉDITERRANÉE, à l'Orient, entre cette île et la portion de l'ASIE MINEURE que nous nommons ANATOLIE, et à l'Occident, entre la même île et la MORÉE, anciennement le PÉLOPONNÈSE. De la MER ÆGÉE, les Eaux se portent vers l'Est par l'HELLESPONT, devenu le CANAL DES DARDANNELLES, pour former la PROPONTIDE, convertie en MER DE MARMARA ; de là, elles continuent de s'étendre vers l'Orient par le BOSPHORE DE THRACE, qui s'est changé d'abord en DÉTROIT DE CONSTANTINOPLE, et depuis en celui de STAMBOUL ; elles forment le PONT-EUXIN,

---

[a] Ainsi nommé parce que la traversée de ce Golfe est périlleuse pour les petits Bâtimens lorsque le Vent de Nord-Ouest, le *Mistral*, souffle avec impétuosité. Les Anciens comparoient la force de ce Vent à celle du *Lion*.

que l'on ne reconnoît plus sous les Noms Arabe et Russe ; de
KARA-DEGNIZI, CZARNE MORE, ou sous le nom français de
MER NOIRE : mais, quand la Mer intérieure a franchi le BOSPHORE
CIMMÉRIEN, que ne rappelle point le DÉTROIT DE ZABACH ou
TAMAN, elle prend un quatrième nom, celui de PALUS MÉO-
TIDE, à présent la MER D'AZOF, ou d'AZAK DEGNISI, et elle
reçoit à son Extrémité les Eaux du TANAÏS, ce beau Fleuve, la
limite de l'EUROPE et de l'ASIE, qui n'eût pas dû changer son
nom pour celui de *Don*, qui en fait le *Fleuve du Fleuve*. Espérons
qu'un jour l'Empire de la Mode, qui nous a si heureusement
ramenés au goût de l'Antique dans l'emploi des Beaux-Arts, nous
conduira à rattacher à la Géographie, en échange des Noms à
demi barbares qui figurent si mal dans notre Nomenclature moderne, tous ces Noms harmonieux que l'Antiquité avoit imposés
aux parties Orientales de notre MÉDITERRANÉE, et qui, après s'être
gravés dans notre mémoire avec l'instruction de nos premières
années, rappellent si souvent à notre esprit, dans le cours de notre
carrière, ces contrées à jamais célèbres, illustrées par les Héros,
embellies par les Arts, chantées par les Poëtes, dont la barbarie a
bien pu effacer les Noms, mais dont une succession de trois mille
ans n'a pu affoiblir l'image.

Ces quatre MERS INTÉRIEURES, par quelques Dénominations
qu'on veuille les désigner, communiquant entre elles, coulant les
unes dans les autres et confondant leurs eaux, ne peuvent être considérées dans leur ensemble que comme un long Bras de l'OCÉAN
ATLANTIQUE qui a pénétré entre l'EUROPE et l'AFRIQUE jusques
aux confins de l'ASIE : et, comme leur dépense, pour fournir à
l'évaporation, excède la somme des tributs qu'elles reçoivent des
Fleuves qui les alimentent, l'OCÉAN, en vertu de la loi de la
Nature qui veut que, sur toute la surface du Globe, les Fluides
se maintiennent en équilibre, fournit sans cesse de nouvelles Eaux
à la MÉDITERRANÉE par le Détroit d'HERCULE. Ce Détroit, le
Gaditanum Fretum [DÉTROIT DE GADES] des Anciens, a reçu

dans les temps modernes le nom de DGEBEL AL TARIK[a] dont nous avons fait d'abord GIBALTAR, et enfin GIBRALTAR, Dénomination sous laquelle il est aujourd'hui connu, et qu'il est plus facile, sans doute, de changer à volonté, qu'il ne l'est de déposséder une Nation usurpatrice qui s'est emparée de cette communication de nôtre MER INTÉRIEURE avec l'OCÉAN ATLANTIQUE.

MerCASPIENNE, Lac ARAL, &c.

JE NE parle pas du grand Lac salé, désigné par le nom de MER CASPIENNE, dont la longueur est d'environ 220 lieues marines du Nord au Sud, sur une largeur moyenne de 50 lieues : nulle MER, sans doute, ne seroit plus *Méditerranée* que celle-ci, si l'on pouvoit qualifier de MER un Réservoir dont les Eaux n'ont aucune communication apparente avec celles de l'OCÉAN[b].

Je parlerai moins encore du LAC ARAL, situé à environ 60 lieues dans l'Est de la CASPIENNE, et de quelques autres Lacs salés d'une moindre étendue.

Golfe de FRANCE.

EN PARTANT de l'Embouchure de notre MÉDITERRANÉE, et remontant vers le Nord, on trouve un grand enfoncement entre le Cap FINISTÈRE, la Pointe extrême du Nord-Ouest de l'ESPAGNE, et l'île d'OUESSANT, l'extrémité Occidentale de la FRANCE : les Français lui donnent le nom de GOLFE DE GASCOGNE, les Anglais celui de GOLFE DE BISCAIE. Nous n'adopterons

---

[a] La Montagne que nous nommons aujourd'hui *Gibraltar*, est le *Calpé* des Anciens, située à la Pointe extrême de l'*Hispanie*, la Pointe la plus Méridionale de l'*Europe*, en face de la Montagne qui, à la Côte d'*Afrique*, portoit le nom d'*Abyla* : *Calpé* est la plus Septentrionale de l'une de celles que l'on nommoit les *Colonnes d'Hercule*. Lorsque les Maures firent leur première invasion en *Espagne*, un de leurs chefs, nommé *Tarik*, s'établit au pied de cette Montagne, s'y fortifia, et s'y maintint contre tous les efforts des Goths. La Montagne fut nommée *Dgebel al Tarik*, Montagne de *Tarik*; et le Détroit reçut son nom de cette Montagne qui sert de Reconnoissance pour les Vaisseaux qui veulent sortir de la *Méditerranée*, et pour ceux qui veulent y entrer.

[b] Quelques Auteurs ont supposé qu'elle avoit une communication avec la *Mer de Perse*, et, dans ce cas, elle communiqueroit avec l'*Océan*; mais des recherches faites dans ces derniers temps ont prouvé que cette supposition est gratuite.

ni

ni une Dénomination ni l'autre, pour désigner un GOLFE dont les Eaux baignent plus de 200 lieues de Côtes, lorsque nous voyons que la GASCOGNE n'en occupe pas plus de 40, la BISCAIE, pas plus de 20. Mais, en considérant que les Côtes de FRANCE, sans désignation particulière, se développent ici sur un contour de plus de 130 lieues, qui offre aux Armées navales et aux Vaisseaux du Commerce, les Ports de BREST, de l'ORIENT, de VANNES, de NANTES, d'OLONNE, de LA ROCHELLE, de ROCHEFORT, de BORDEAUX, de BAÏONNE, de SAINT-JEAN DE LUZ, &c. et les îles de BELLISLE, d'YEU, de RÉ, d'OLERON ; nous rappelant, en même temps, que, dans les siècles antérieurs, ce GOLFE fut nommé *Sinus Gallicus*, nous ne craindrons pas d'être taxés de prédilection nationale, si nous le nommons GOLFE DE FRANCE : les Français ne représentent-ils pas les Gaulois !

LA POINTE qui termine ce GOLFE du côté du Nord lui est commune avec le Canal qui sépare la FRANCE de l'ANGLETERRE, et que nous nommons LA MANCHE. Ce nom assez impropre seroit bien remplacé par celui de CANAL DE FRANCE, si les Anglais, qui voudroient qu'on regardât ce Bras de Mer comme un Domaine des ÎLES BRITANNIQUES, ne se fussent hâtés de prendre les devants, et ne l'eussent nommé depuis long-temps *BRITISH CHANNEL* [Canal de la GRANDE-BRETAGNE [a]] : des deux côtés, les prétentions et les droits, si jamais la Mer peut être une propriété, sont également fondés ; et, si l'on veut réunir sous une Dénomination commune deux États que la Nature a séparés, et que la Rivalité sépare plus encore, on pourroit appeler LA MANCHE, le CANAL de FRANCE ET D'ANGLETERRE.

ON SORT de ce Canal par le DÉTROIT ou PAS DE CALAIS, le *STRAITS OF DOVER* [Détroit de DOUVRES] des Anglais. Il est plus difficile de concilier ici les prétentions ; on adopteroit difficilement la Dénomination de DÉTROIT GALLO-BRITANNIQUE,

Canal
de FRANCE
et
d'ANGLETERRE.

Détroit
de CALAIS
ou de DOVER.

---

[a] Et sur quelques Cartes, *English Channel*, Canal *Anglais*, Canal d'*Angleterre*.

par analogie avec CANAL DE FRANCE ET D'ANGLETERRE :
il faut donc opter entre *DOVER* et CALAIS ; mais ce n'est pas un
procès que la Géographie puisse juger ; car on peut prévoir que la
Nation qui auroit obtenu la préférence, souscriroit seule au jugement : ainsi, nous continuerons d'écrire sur les Cartes françaises,
PAS ou DÉTROIT DE CALAIS, tandis que les Anglais continueront d'écrire sur les leurs, *STRAITS OF DOVER.*

Golfe
BRITANNIQUE.

DE CE DÉTROIT, on passe dans un grand GOLFE que la plupart
des Cartes nous présentent sous le nom de MER D'ALLEMAGNE.
C'est étendre bien loin l'influence de l'ALLEMAGNE, que de
transporter son nom à une portion de l'OCÉAN, sur le contour de
laquelle cette Région intérieure, étrangère, en quelque sorte, à
l'OCÉAN, peut à peine compter quelques lieues de Côtes, entre
l'Embouchure de l'ELBE et celle du WESER. Le nom de MER
DU NORD, donné à cette partie par quelques Géographes, ne paroît
pas lui mieux convenir : elle est, à la vérité, au Nord de la FRANCE,
mais elle n'est pas même au Nord de l'EUROPE ; et cette Dénomination générique de MER DU NORD semble indiquer la portion
des Eaux qui couvre la partie la plus Septentrionale du Globe. C'est
d'ailleurs employer improprement la qualification de MER, que de
l'appliquer à un GOLFE dont les côtés se prolongent parallélement,
en conservant entre eux, une largeur de 80 lieues marines, sur
une longueur de 150 lieues. La qualification de GOLFE est donc
celle qui convient exclusivement *ici*, et je proposerois de l'appeler
le GOLFE BRITANNIQUE. Cette proposition de ma part ne peut
paroître suspecte ; je ne suis pas porté à donner aux Anglais une préférence ; j'ai trop souvent été occupé de combattre leurs prétentions,
pour que l'on puisse penser que je cherche à les accroître : mais
l'impartialité doit sur-tout caractériser le Géographe ; et j'observe
que ce GOLFE est borné du côté de l'Occident, sur toute sa longueur,
par les Côtes Orientales d'ANGLETERRE et d'ÉCOSSE, et que les
Groupes des ORKNEY et des SHETTLAND, qui se présentent dans
le Nord-Ouest à l'ouverture du GOLFE, sont dépendans des ÎLES

BRITANNIQUES; tandis que les limites, du côté de l'Orient, sont formées de parties, pour ainsi dire, hétérogènes, d'une portion des Côtes Occidentales de la NORWÉGE, d'une portion de celles du JUTLAND, et de partie de celles des PAYS-BAS : et l'on peut dire que c'est ici le cas où le fort emporte le foible.

A SOIXANTE lieues dans le Nord-Est du DÉTROIT DE CALAIS ou *STRAITS OF DOVER*, l'OCÉAN a fait une petite irruption dans le Continent à travers les terres noyées de la HOLLANDE, entre les Pointes d'ENCHUYSEN et STAVEREN, et a formé dans l'intérieur une Baie fermée, connue sous le nom imposant de ZUYDER-ZEE [Mer du Sud]. Cette prétendue MER, d'environ 11 lieues de longueur sur 9 de large, n'a pas plus de 18 pieds d'eau à sa plus grande profondeur, et beaucoup moins dans de certaines parties. On ne voit pas d'où a pu lui venir la Dénomination de MER du *Sud :* elle est, à la vérité, située au Sud de la WEST-FRISE, mais elle se trouve à l'*Est* de la HOLLANDE, proprement dite : on a sans doute considéré la partie de Mer qu'occupent les BANCS DU TEXEL comme la MER du *Nord,* et l'on a appelé MER du *Sud* la partie qui est située dans le Sud de ces Bancs : elle devroit être nommée BAIE D'AMSTERDAM; car la qualification de BAIE est la seule qui puisse lui être appliquée. Cette Baie communique avec la MER DE HARLEM, ou plutôt le LAC DE HARLEM, long d'environ 4 lieues sur moins de 2 de largeur, par un Canal irrégulier qui forme le Port d'AMSTERDAM, si fameux par son immense commerce, mais auquel la Nature a refusé un local commode et une assez grande profondeur d'eau, pour en faire un beau Port.

Baie d'AMSTERDAM.

LA CÔTE Orientale du GOLFE BRITANNIQUE donne entrée vers son milieu à l'OCÉAN-ATLANTIQUE SEPTENTRIONAL qui, en pénétrant dans les Terres, a formé par son irruption, d'abord le CATTEGAT ou SCHAGER-RACK [a], ou la MANCHE DE DANEMARCK,

CATTEGAT et BALTIQUE.

---

[a] *Cattegat,* qui veut dire la *Rue du Chat,* est le nom que les Hollandais ont donné à ce Golfe qui précède la *Baltique;* son nom dans les Langues du

et sur le retour, vers l'Orient, la MER BALTIQUE[a] qui se partage
en trois Branches, dont une, qui se porte au Sud, forme le petit
GOLFE DE LIVONIE, nommé aussi GOLFE DE RIGA; la seconde,
qui se dirige vers l'Est, et qui est plus considérable que la première,
s'enfonce dans la FINLANDE, sous le nom de GOLFE DE FINLANDE;
et la troisième, plus considérable que les deux autres, se porte dans
le Nord, à travers la SCANDINAVIE, jusques sous le 66.ᵉ Parallèle,
celui de TORNEA, célèbre par les travaux des Académiciens français, et elle reçoit le nom de GOLFE DE BOTHNIE qu'elle tire de
cette Province de la LAPONIE SUÉDOISE qu'elle divise en BOTHNIE
ORIENTALE et BOTHNIE OCCIDENTALE.

Mer
de LAPONIE.

LES RÉGIONS qui terminent l'EUROPE au Nord ne présentent
d'autre MER INTÉRIEURE que celle qui est enfermée dans les Terres
de la LAPONIE RUSSE: nous la connoissons sous le nom impropre
de MER BLANCHE; et elle sera mieux désignée par celui de MER
DE LAPONIE.

LE SURPLUS des Côtes Septentrionales de l'Ancien Continent,
qui avoisinent et entourent le Pôle Boréal, depuis la NOUVELLE-
ZEMBLE jusqu'au Cap le plus Oriental des Terres des TSCHUKS-

Nord est *Schager-Rack*, qui paroît avoir
quelque analogie avec *Skagen*, le nom
du Cap le plus Nord du *Jutland* à l'entrée du *Cattegat*.

[a] Le nom de *Baltique*, suivant *Rud-
beck* dans son *Atlantica* (Tom. I, Ch. 8,
P. 232), dérive du Suédois et du Latin, *Belte* et *Balteum* ou *Balteus* [Bau-
drier, Écharpe]; et plusieurs Auteurs
ont adopté cette Étymologie du mot
Baltique, parce que quelques-uns des
Noms anciens donnés aux différentes
MERS, présentent, dans leur Racine,
l'idée d'une *Écharpe*, d'une *Ceinture*;
et on l'a transportée à l'Eau qui ceint
les Terres. Mais la *Baltique* ne présente

nullement l'image d'une *ceinture*. L'explication de *Hug.* Grotius *(in Præfatione
ad Scriptores Gothicos*, P. 4) me paroît
préférable : il assure qu'en vieux Fri-
son, le mot *Belt* signifie une *irruption
de la Mer*; et, en effet, on ne peut
guère douter que le Bassin de la *Mer
Baltique* n'ait été rempli par une irruption de l'OCÉAN, qui s'est ouvert,
entre les Terres de la *Scandinavie* et
celles du *Jutland*, trois Passages qui ont
formé les îles du *Danemarck :* savoir; au
Nord, l'*Öre-Sund* ou Passage du *Sund*,
entre la *Skanie* et l'île de *Siælland [See-
lande]*; au milieu, entre cette île et
celle de *Fyen [Fionie]*, le Passage du

CHIS, sur une étendue de 1200 lieues marines, n'est ni assez fréquenté, ni assez connu, pour que nous devions nous occuper particulièrement d'en fixer la Nomenclature. Nous remarquerons seulement que la NOUVELLE-ZEMBLE forme avec la TERRE DES SAMOJÈDES un grand GOLFE, qui pourroit être appelé le GOLFE DE LA NOUVELLE-ZEMBLE, ou, si l'on veut, le GOLFE DU NORD par excellence, puisque le Cap TAIMURA des Samojèdes et la Pointe extrême de la NOUVELLE-ZEMBLE, deux Cornes saillantes entre lesquelles il s'ouvre, sont situés au-dessus du 78.º Parallèle Boréal, c'est-à-dire, à la Latitude la plus élevée à laquelle se portent par ces seules Pointes les Terres de l'Ancien Continent. Ce grand GOLFE DU NORD comprend dans sa partie Méridionale le GOLFE DE KARA, que les Cartes russes qualifient de MER DE KARA, et que quelques Géographes nomment la MER TRANQUILLE : et, en effet, elle doit être tranquille la plus grande partie de l'année, pendant que les frimas qui enchaînent les Eaux font de la Mer une plaine solide. C'est au fond du GOLFE DE KARA que se trouve le DÉTROIT DE WAIGATZ, qui a détaché la NOUVELLE-ZEMBLE du Continent. Ce GOLFE est séparé du GOLFE DE L'OBI,

Golfe de la NOUVELLE-ZEMBLE, ou Golfe du NORD.

Grand Belt; et au Sud, entre l'île de *Fyen* et le *Jutland*, le Passage du *Petit Belt* : on peut croire que du Nom de *Belt* est dérivé celui de *Baltique*. On sait d'ailleurs que la *Scandinavia* se nommoit aussi *Baltia* : et il seroit difficile de décider entre la Terre et la Mer quelle des deux a reçu ou donné le nom qui paroît leur avoir été commun. Les Auteurs anciens désignent quelquefois la *Mer Baltique* par la Dénomination de *Sinus Codanus*.

Les Hollandais nomment la *Baltique*, *Oost-Zee* [Mer de l'Est], et l'on ne sait trop pourquoi; car l'entrée de cette Mer est située au Nord de la *Hollande*;

ses Eaux s'étendent dans le Nord jusqu'au voisinage du Cercle Polaire; et elle seroit plutôt, pour cette partie de l'*Europe*, la *Mer du Nord* que la *Mer de l'Est* : si ce dernier nom y a été attaché, c'est sans doute parce que la *Mer d'Allemagne* [notre *Golfe Britannique*], située à l'Ouest de la *Hollande*, est, par rapport à ce pays, la *Mer Occidentale*; et que la *Baltique*, située à l'Est de cette *Mer d'Allemagne*, est, par rapport à elle, une *Mer Orientale* : c'est donc encore ici une de ces Dénominations antigéographiques, uniquement relatives à un Territoire particulier, et que le Géographe cosmopolite ne doit pas adopter.

par une Presqu'île qui forme, avec la Côte de l'Est à l'opposé, la longue Embouchure de ce grand Fleuve.

À PARTIR de la NOUVELLE-ZEMBLE, et en parcourant la limite Septentrionale de l'Ancien Continent jusqu'à la dernière Pointe de Terre à l'Orient sur le DÉTROIT DE BERING, on rencontre plusieurs GOLFES, plus ou moins larges, dont quelques-uns ne sont que les Embouchures des Fleuves ; mais rien n'est à changer ici dans la Nomenclature : chaque GOLFE emprunte le nom du Pays dont ses Eaux baignent le Littoral.

LES CÔTES du Nouveau Continent situées sous les plus hautes Latitudes auxquelles s'étendent les Terres de cette Partie du Monde, n'ont pas encore été découvertes : il paroît seulement que quelques Voyages des Anglais à travers l'AMÉRIQUE DU NORD, les ont conduits jusqu'à découvrir sur deux Points, dans le voisinage du 68.ᵉ Parallèle, la MER qui se déploie au Nord de l'AMÉRIQUE ; ils l'ont nommée MER HYPERBORÉENNE : c'est une partie de notre OCÉAN-GLACIAL ARCTIQUE. Si jamais on parvient à reconnoître la limite Boréale du Nouveau Monde, ce ne sera pas ici par les Voyages de Mer que l'on aura découvert les Côtes ; on découvrira la Mer par la conquête des Terres, si toutefois des Glaces peuvent appeler à les conquérir.

JE VIENS de parcourir le Littoral des deux Continens, et j'ai cherché à établir une distinction entre les GOLFES, qui ne sont que des échancrures, des enfoncemens de la Côte, et les MERS, qui sont des Bassins que l'OCÉAN a formés, soit en pénétrant, par des irruptions, plus ou moins avant dans les Terres, sur une largeur plus ou moins grande, soit en minant et détruisant des portions de Côtes moins résistantes, pour rester entouré de celles qui, offrant des terrains plus solides, plus élevés, opposent à l'action constante et au progrès des Eaux, une digue capable de résister plus long-temps à leur attaque.

LES MERS que l'on peut appeler de la première espèce, sont celles dont une portion de Continent forme l'enceinte, les

MÉDITERRANÉES, où l'OCÉAN ne s'introduit dans les Terres que par une seule ouverture : telles que la MÉDITERRANÉE, proprement dite, qui sépare l'EUROPE de l'AFRIQUE ; la MER ROUGE, ou MER D'ARABIE, qui sépare l'AFRIQUE de l'ASIE ; le GOLFE PERSIQUE, mieux nommé la MER DE PERSE ; dans le Nord de l'EUROPE, la MER BLANCHE, ou MER DE LAPONIE ; et dans le Nord du Nouveau Continent, la MÉDITERRANÉE d'AMÉRIQUE, qui comprend les grandes Baies de BAFFIN et de HUDSON.

Les MERS de la seconde espèce sont celles qui communiquent avec l'OCÉAN par plusieurs Canaux, telles que la MER BALTIQUE, à la Côte Occidentale d'EUROPE, laquelle cependant pourroit être rangée dans la première espèce, si l'on veut ne considérer que comme une seule ouverture les trois Passages du SUND, du GRAND BELT et du PETIT BELT, que l'OCÉAN s'est ouverts sur le petit espace compris entre les Terres du JUTLAND et celles de la SKANIE. Les autres MERS, ou de la seconde espèce, sont, la MER DES ANTILLES, à la Côte Orientale de l'AMÉRIQUE dans l'OCÉAN-ATLANTIQUE ÉQUINOXIAL ; la MER DE TATARIE, à la Côte Orientale de l'ASIE, dans le GRAND-OCÉAN BORÉAL ; et dans le GRAND-OCÉAN ÉQUINOXIAL, la MER DE CORÉE, la MER DE CHINE, la MER DE BORNEO, la MER DES PHILIPPINES, et la MER DE NOUVELLE GUINÉE.

Plusieurs autres parties de l'OCÉAN sont qualifiées de MERS sur la plupart des Cartes Hydrographiques, et l'on y voit écrit : MER DU BRÉSIL, MER D'ÉTHYOPIE, MER D'ESPAGNE, des CANARIES, des AÇORES, &c. ; mais c'est charger les Cartes d'écritures inutiles, et même de qualifications impropres : car les parties de l'OCÉAN que l'on désigne ainsi par MERS, ne sont pas des MERS ; ce sont des PARAGES ; et chaque Parage, lorsqu'on est dans le cas d'en faire mention dans un Voyage, reçoit, sans qu'il ait été écrit sur la Carte, le nom de la Contrée limitrophe dont l'OCÉAN baigne les Côtes. Mais, au lieu de la Qualification de

Mer, employée dans ce cas, je préférerois une expression empruntée des Anglais, et qui commence à s'introduire parmi nous : je dirois, par exemple, nous naviguions dans LES EAUX des CANARIES, des AÇORES, du BRÉSIL, &c.; ce qui signifie, nous naviguions *à vue* de ces Terres.

Il est plusieurs Cartes aussi sur lesquelles on voit employée la Dénomination de MER pour les plus petits GOLFES qu'à peine on qualifieroit de BAIES : on seroit tenté pour quelques-unes de ces prétendues MERS, de les comparer à la MER D'AIRAIN du Temple de SALOMON.

LA NOMENCLATURE de l'Hydrographie a besoin d'une grande réforme dans les détails; mais je dépasserois les bornes que j'ai dû m'imposer, si je me livrois à l'examen minutieux que ces détails exigeroient : il peut suffire d'avoir établi les principes d'après lesquels il me semble que la Nomenclature doit être fixée, et de les avoir appliqués aux portions les plus remarquables du Littoral des deux Continens. En suivant ces principes, s'ils sont adoptés, l'Hydrographe ne peut être embarrassé, dans aucun cas, sur le choix des Qualifications et des Dénominations qu'il convient d'employer dans le détail des Côtes qui n'a pas dû entrer dans mon plan. Si j'ai inscrit dans la première Édition de ma Carte quequlues-unes des Dénominations particulières qui se trouvent changées dans celle-ci; ce n'est pas que je pensasse qu'elles pussent être conservées; mais je ne me dissimulois pas qu'un changement n'est jamais exempt d'éprouver de l'opposition : il ne peut s'introduire que pied à pied; et l'on ne doit se porter en avant, que quand les premiers pas sont assez assurés pour que l'on n'ait plus à craindre d'être forcé de reculer.

Distribution en ARCHIPELS, des îles du GRAND-OCÉAN ÉQUINOXIAL, et Noms des *DÉCOUVREURS.*

LA RÉFORME que je me suis proposée ne devoit pas se borner à qualifier chaque accident qui se fait remarquer sur le contour des grandes Terres : les Îles répandues dans l'OCÉAN, et principalement entre l'AMÉRIQUE et l'ASIE, exigeoient un examen particulier.

particulier. Découvertes anciennement, pour la plupart, par les Navigateurs espagnols, mais jetées à-peu-près au hasard sur les Cartes hydrographiques, ce n'est que dans ces derniers temps, que, l'Astronomie venant au secours de la Navigation, ces Iles ont pu obtenir des places déterminées : mais, comme des Navigateurs de diverses Nations les ont retrouvées à des époques peu éloignées les unes des autres, chacun s'est cru permis d'y attacher des noms à son gré; et il en résulte qu'une même Ile a plusieurs noms qui varient avec l'année, et suivant le Pays où les Cartes ont été publiées. A cette confusion dans la Nomenclature, se joint la confusion même des objets : et, lorsqu'on jette les yeux sur le GRAND-OCÉAN ÉQUINOXIAL, on est effrayé de la multitude d'Iles qui y sont répandues, les unes élevées, les autres presque de niveau avec la mer, et signalées seulement par les grands arbres dont elles sont couvertes. J'ai pensé que, pour faciliter la recherche de ces Iles nombreuses, il seroit utile de les classer et de les distribuer en ARCHIPELS dont l'étendue fût réglée suivant les dispositions des Iles entre elles, et selon la distance d'un Groupe à un autre. Ces Archipels sont, si je puis le dire, les Provinces du GRAND-OCÉAN ÉQUINOXIAL, dont l'île TAÏTI semble être la Métropole, et auxquelles il convient de fixer des limites [a]. C'est là que la reconnoissance des Nations doit inscrire honorablement les noms des Argonautes de différens pays qui ont ajouté à l'Espèce humaine des races d'Hommes inconnus, et qui, par leurs travaux, ont agrandi le Monde. Mais, en inscrivant ces noms, l'impartialité doit guider le burin qui les gravera; et le nom qui fut imposé à chaque Ile par le Navigateur qui le premier la découvrit, doit paroître seul sur la Carte, ou seulement accompagné du nom qu'elle reçoit de ses habitans, quand on parvient à le savoir [b].

[a] Voyez la *Carte d'une partie du Grand-Océan Équinoxial,* où se trouvent tracés les divers *Archipels,* avec les Dénominations qui paroissent leur convenir.

[b] L'emploi des Noms imposés par les Naturels aux Pays qu'ils habitent,

.H

Archipel
DANGEREUX
de
BOUGAINVILLE.

LE PREMIER ARCHIPEL, en venant de l'Est, commence à l'île WHITSUNDAY [la Pentecôte] de WALLIS, et aux QUATRE FACARDINS de BOUGAINVILLE ; et il se termine, du côté de l'Ouest, à CHAIN-ISLAND [l'île de la Chaîne] de COOK. Le nom d'ARCHIPEL DANGEREUX qui lui fut imposé par BOUGAIN-VILLE, doit lui être conservé ; car, sans les arbres élevés qui servent en quelque sorte de *Balises*, et sont à la fois des arbres de subsistance pour les insulaires, et des arbres de salut pour les Navigateurs, souvent, au déclin du jour, ou avant l'aube, on n'apercevroit ces îles basses, ces plateaux, que lorsqu'on ne seroit plus à temps de se garantir du danger de leur rencontre. Le nom du Navigateur français doit rester attaché à cet ARCHIPEL, puisque, des 17 îles dont il se compose, il en a découvert 9, WALLIS, 6, et COOK, 2 seulement : nous le nommerons donc ARCHIPEL DANGEREUX de BOUGAINVILLE.

Archipel de la
MER MAUVAISE
DE LE MAIRE ET
SCHOUTEN.

LE SECOND ARCHIPEL, situé dans le Nord-Ouest du précédent, commence aux îles SONDRE-GRONDT [îles sans fond] de LE MAIRE et SCHOUTEN, et DISAPPOINTEMENT de BYRON : il finit aux îles PRINCE OF WALLES [Prince de *Galles*] de ce dernier Navigateur, et au LABYRINTHE de ROGGEWEEN. Il peut être composé de 20 ou 25 îles, sans qu'il soit possible, jusqu'à présent, d'en

aux Iles, aux Baies, aux Ports, aux Montagnes, &c., présente aux Européens un embarras auquel il n'est pas possible de les soustraire. Ces Noms qui sont composés de sons *absolus*, si je puis le dire, les Voyageurs des différentes Nations nous les rendent par des Signes *relatifs*, par des Signes ou Caractères qui dépendent de la manière différente dont les divers Peuples de l'*Europe* peignent les Sons et parlent aux yeux. Par exemple, un Anglais écrit *Atooi*, *Tofooa*, *Tongataboo*, *o-Taheite*, *o-Heeva-hoa*, *o-Nateyo*, &c. ; et, si un Français veut peindre les mêmes *Sons* que l'Anglais a entendus, et qu'il a rendus par ces assemblages de voyelles et de consonnes, il faudra qu'il écrive (car c'est ainsi que les Anglais prononcent ces mots) *Etoüi*, *Tofoûa*, *Tonga-Tabou*, *o-Taïti*, *o-Hïva-hŏa*, *o-Nétiyo*, &c. ; le Français qui les prononcera écrits de la seconde manière, fera entendre à très-peu près les mêmes *Sons* que l'Anglais qui les prononceroit écrits de la première. Il en résulte que l'Orthographe des mots appartenant aux Langages des divers Peuples que visitent les Européens, ne

déterminer exactement le nombre, parce qu'on est encore incertain sur celui des îles qui forment le Groupe de PRINCE OF WALLES. Les Navigateurs hollandais LE MAIRE et SCHOUTEN qui, les premiers, découvrirent, en 1616, une partie de ces Terres dont les plus Orientales sont, pour ainsi dire, à fleur d'eau, nommèrent avec raison cette partie du GRAND-OCÉAN ÉQUINOXIAL, la MER MAUVAISE; et nous comprendrons toutes ces îles sous la dénomination collective d'ARCHIPEL DE LA MER MAUVAISE de LE MAIRE et SCHOUTEN; Dénomination qui caractérise le Parage, en même temps qu'elle consacre les noms des premiers Navigateurs qui nous en ont fait connoître le danger.

LE TROISIÈME ARCHIPEL, situé dans le Sud-Ouest de la MER MAUVAISE, commence, à l'Est, par l'île MAITEA [la DEZANA de QUIROS], et se termine, à l'Ouest, par son île DEL PELEGRINO, que WALLIS a nommée postérieurement ÎLES SCYLLY : il comprend 13 îles, dont O-TAÏTI est la principale. Les Anglais ont donné le nom d'ÎLES DE LA SOCIÉTÉ [SOCIETY ISLES] à quelques-unes de celles qui composent ce troisième ARCHIPEL, et forment un Groupe particulier dans le Nord-Ouest d'O-TAÏTI : mais comme ce Groupe est peu distant de celui qui comprend cette Métropole; comme les îles dont l'un et l'autre Groupe est

Archipel
des îles
DE LA SOCIÉTÉ.

peut pas être la même sur les Cartes hydrographiques des différentes Nations d'*Europe;* car chaque Nation doit les écrire de manière qu'en prononçant les mots à sa façon, elle fasse entendre les mêmes Sons qu'émet le Naturel du Pays lorsqu'il prononce ces mêmes mots. Mais, indépendamment de la différence obligée dans l'Orthographe, on en remarque une autre qui dépend de la manière dont l'oreille de deux Européens est diversement frappée par les Sons qu'un Sauvage émet en prononçant un mot : aussi voyons-nous fréquemment que deux Navigateurs d'un même Pays, d'un même Vaisseau, écrivent un même mot différemment, parce qu'ils ne l'ont pas entendu de même. Ces différences se font sensiblement remarquer dans les Vocabulaires de diverses Iles, que nous ont donnés le Capitaine *Cook* et MM. *Forster* qui voyageoient ensemble.

(Voyez la *Relation du Voyage de Marchand,* Tome I, Pages 62, 154, 284 de l'Édition in-4.°; — Tom. I, Pages 87, 217, et Tom. II, P. 107 de l'Édition in-8.°)

. H 2

composé communiquent habituellement entre elles, et que toutes
sont habitées par une même Espèce d'hommes, et des hommes
extrêmement sociables; il m'a paru que la totalité de ces îles,
plus voisines entre elles, qu'elles ne le sont de celles des autres
ARCHIPELS, doit être comprise sous la Dénomination collective
d'ARCHIPEL DES ÎLES DE LA SOCIÉTÉ.

Archipel
de ROGGEWEEN.

DANS le Nord-Ouest de cet Archipel, et à une distance d'environ 80 lieues marines, sont situées les Iles hautes de BAUMAN,
découvertes, en 1722, par l'Amiral hollandais ROGGEWEEN,
lesquelles, bien certainement, et malgré tout ce qu'en pourront
dire les Géographes anglais, ne sont pas celles DES NAVIGATEURS
DE BOUGAINVILLE, situées à 260 lieues plus à l'Ouest.

A 15 lieues environ dans le Nord-Ouest des BAUMAN, se
trouvent deux autres îles hautes auxquelles ROGGEWEEN n'a donné
aucun nom; et à 20 lieues au-delà, toujours dans le Nord-Ouest,
se montrent les Terres élevées de TIENHOVEN et GRONINGUE:
nous comprendrons toutes ces îles sous la Dénomination générale
d'ARCHIPEL DE ROGGEWEEN. Aucune de ces Terres n'a été retrouvée par les Navigateurs modernes. J'ai comparé entre elles,
dans un Mémoire particulier, les différentes Relations du Voyage
de l'Amiral hollandais [a], et, en les discutant, j'ai tâché de fixer
par approximation leur Position respective, tant entre elles qu'à
l'égard d'autres Iles dont la Position géographique est bien déterminée : cette discussion pourra faciliter la recherche de l'ARCHIPEL
DE ROGGEWEEN, lequel, sous plusieurs rapports, mérite d'être connu.

Archipel DES
NAVIGATEURS
de BOUGAIN-
VILLE.

EN se portant à 260 lieues dans l'Ouest-Sud-Ouest de l'Archipel précédent, on rencontre les Iles hautes DES NAVIGATEURS,
ainsi nommées par BOUGAINVILLE, lorsqu'il fit la Découverte des
quatre Iles les plus Orientales; LA PÉROUSE en a découvert trois
nouvelles dans l'Ouest des premières, et deux sont d'une étendue

[a] Voyez à la suite du *Voyage de Mar-*
chand, T. III, P. 272 à 382 de l'Éd. in-4.°
— T. V, P. 375 à 499 de l'Éd. in-8.°,
l'*Examen Critique des Relations du Voyage*
autour du Monde, fait, en 1721 et
1722, par Roggeween.

considérable : nous formerons par la réunion de ces sept îles, l'ARCHIPEL DES NAVIGATEURS DE BOUGAINVILLE.

DANS le Sud des NAVIGATEURS, se voient les ÎLES DES AMIS *[FRIENDLY ISLES* des Anglais*]*, découvertes, en 1643, par ABEL TASMAN, sous les noms d'AMSTERDAM, aujourd'hui TONGA-TABOU ; MIDDLEBURG, aujourd'hui EOÛA ; ANA-MOCKA, qui n'a pas changé son nom [a]; et quelques petites Iles dépendantes des grandes.

DANS l'Ouest-Nord-Ouest du Groupe des AMIS, se trouvent les Iles FIDJI, dont on avoit connoissance par les rapports des Insulaires de TONGA-TABOU [b]; et il paroît qu'en 1781, elles ont été découvertes, et en partie reconnues par le Capitaine BLIGH, dans les premiers jours de Mai de 1789, au début de cette inconcevable Navigation de douze cents lieues marines, à partir des ÎLES DES AMIS, qu'il entreprit et acheva, lui dix-neuvième, dans une chaloupe non pontée, de vingt-deux pieds de longueur, telle que pouvoit être celle d'un Navire de 215 tonneaux de port, auquel elle avait appartenu : mais, pour fixer la Position de ces dernières Iles, nous devons attendre que d'autres Navigateurs nous ayent procuré des connoissances plus certaines.

DEUX autres ARCHIPELS, isolés et placés à de grandes distances des Continens, se présentent encore dans le GRAND-OCÉAN ÉQUINOXIAL : le premier, situé dans le Nord-Est de l'ARCHIPEL DE LA MER MAUVAISE, par 10 degrés de Latitude Sud, est connu sous le nom des MARQUESAS DE MENDOÇA. MENDAÑA avoit découvert quatre de ces Iles en 1595 ; COOK les retrouva en 1774, et en découvrit une de plus : et, en 1791, le Capitaine MARCHAND découvrit un nouveau Groupe, composé de cinq Iles,

Archipel
DES AMIS.

Archipel
de MENDAÑA.

---

[a] Elle est nommée dans le Voyage d'*Abel Tasman*, *Rotterdam* ou *Anamocka*.

[b] Suivant le rapport de COOK, les habitans de *Feejee* (Orthographe anglaise), qu'on dit être Antropophages, ont de fréquentes guerres avec les habitans de *Tonga-Tabou*, l'île principale de l'*Archipel des Amis*. (Voyez *Cook's 3.d Voyage.* Vol. I, Page 374.)

à 16 lieues de distance dans le Nord-Ouest des premières : ces dix Iles forment ensemble un Archipel qui devroit être appelé ARCHIPEL DE MENDAÑA, en l'honneur du Navigateur qui fit la première Découverte de la moitié des Iles qui le composent. On pourroit désigner le Groupe du SUD-EST par le nom de MARQUESAS DE MENDOÇA, que lui donna le premier *Découvreur,* et celui du NORD-OUEST, par le nom de Groupe de LA RÉVOLUTION, qui lui a été donné par le Capitaine MARCHAND ; si toutefois le Capitaine américain qui l'avait aperçu un mois avant la découverte du Capitaine français, ne lui a imposé aucun nom [a].

Archipel
des SANDWICH.

LE SECOND Archipel est situé au-dessous du Tropique du CANCER ; et ses îles les plus Septentrionales sont placées sous le Tropique même, à la limite du GRAND-OCÉAN ÉQUINOXIAL : le Capitaine COOK qui en reconnut les îles Occidentales en 1778, et les îles de l'Est en 1779, imposa à la totalité le nom d'ÎLES SANDWICH. Les Espagnols, dans des temps plus anciens, avoient fait la première Découverte d'une partie de ces îles, sous les noms de LA MESA, LOS MONJES, &c.; mais la Position géographique en étoit mal déterminée. Il paroît que la petite Ile NECKER de LA PÉROUSE appartient au Groupe des Iles Occidentales. Le nom d'ARCHIPEL DES SANDWICH doit être conservé à la réunion des deux Groupes : l'immortel COOK, en terminant à O-WHYHEE, par une mort tragique, la plus glorieuse carrière, la plus étendue qu'aucun Navigateur ait remplie, a bien acquis un droit égal à celui que peut donner le hasard d'une Découverte : on doit seulement énoncer que quelques-unes de ces îles avoient été vues antérieurement par les Espagnols [b].

Iles éparses
et solitaires.

JE NE parlerai pas de quelques Iles solitaires, jetées dans l'Est, dans le Nord, dans l'Ouest, et dans le Sud des Archipels qui viennent de passer en revue ; il est très-probable qu'indépendamment de celles que nous connoissons et auxquelles les Navigateurs ont

---

[a] Voy. *Voyage de Marchand,* T. I, P. 476 et 603, Édit. in-4.° — T. II, P. 377, et T. III, P. 419, Édit. in-8.°

[b] Voy. *Voyage de Marchand,* T. I, in-4.°, P. 413 à 425 ; — T. II, in-8.°, P. 289 à 305.

imposé des noms, il en existe un grand nombre d'autres qui n'ont pas été rencontrées : nous n'avons pas même retrouvé toutes celles que QUIROS nous avoit indiquées : sur dix Découvertes de ROGGEWEEN, deux seulement ont été confirmées par les Reconnoissances qui en ont été faites dans ces derniers temps : l'existence de plusieurs autres Iles peut être présumée, parce qu'on les trouve marquées et portant un nom sur la Carte espagnole du Galion de MANILLE, dont le Commodore ANSON s'empara en 1743 : il est plus que probable que, si toutes existent de leur côté, et à part, et qu'il n'y ait pas des double-emplois sous des noms différens, du moins elles n'occupent pas sur le Globe les places que cette Carte leur assigne; mais il est très-vraisemblable aussi que, quelque jour, on retrouvera quelques-unes de ces Iles, et que, les ayant rencontrées à de grandes distances des points où elles sont marquées sur la Carte, on nous les présentera comme des Iles nouvelles, comme des Découvertes.

SI nous nous rapprochons du Continent de l'ASIE, sans sortir des limités du GRAND-OCÉAN ÉQUINOXIAL, nous trouvons entre l'Équateur et le 11.ᵉ Parallèle Nord, une longue Chaîne de petites Iles que les Navigateurs anglais GILBERT et MARSHALL, qui les découvrirent en 1788, ont nommées MULGRAVE'S RANGE [la Chaîne de *Mulgrave*].

MULGRAVE'S
RANGE
[la Chaîne de
Mulgrave].

DANS le Sud-Sud-Est, vers le 11.ᵉ Parallèle Sud, sont situées les îles de SANTA-CRUZ de MENDAÑA, que CARTERET a voulu transformer en îles de QUEEN CHARLOTTE [de la Reine *Charlotte*] : plus au Sud, entre 15 et 20 degrés de Latitude Australe, l'ARCHIPEL DEL ESPIRITU SANTO de QUIROS, qui ne doit porter ni le nom de GRANDES CYCLADES, ni celui de NEW HEBRIDES, que lui ont imposé postérieurement BOUGAINVILLE et COOK : dans le Nord-Ouest DEL ESPIRITU SANTO, entre 5 et 11 degrés de Latitude Sud, l'ARCHIPEL des ÎLES DE SALOMON de MENDAÑA, lesquelles ne seront point les TERRES DES ARSACIDES de SURVILLE, encore moins la NEW-GEORGIA du Lieutenant

I.ˢ de S.ᵗᵃ CRUZ
de MENDAÑA.

Archipel
DEL
EspirituSanto
de' QUIROS.

Anglais SHORTLAND qui ne s'est présenté dans ce Parage que vingt ans après le Navigateur français, et plus de deux siècles après le Navigateur espagnol.

Archipel de LOS LADRONES [*Marie - Anne*], Et Archipel de SAN - LAZARO [*Philippines*].

LES ARCHIPELS jetés dans le GRAND-OCÉAN ÉQUINOXIAL se terminent, du côté de l'Est, entre le cinquième et le vingtième Parallèle Nord, par l'Archipel des Iles de MARIE-ANNE, et, plus à l'Est encore, par celui de LAS PHILIPINAS, découverts l'un et l'autre, en 1521, par l'immortel MAGALHAENS qui finit malheureusement sa glorieuse carrière dans une des Iles du second. Il avoit nommé le premier de ces Archipels Iles DE LOS LADRONES; et cette Dénomination étoit pour le Navigateur, un avertissement du penchant que leurs habitans ont pour le vol : sont-elles mieux désignées par le nom de MARIE-ANNE, qui nous rappelle seulement que ces Iles, en passant sous le joug de l'ESPAGNE, ont perdu leur liberté! Qu'a pu gagner aussi le second Archipel à changer son nom d'ARCHIPEL DE SAN-LAZARO, qu'il avait reçu de MAGALHAENS, et qui indiquoit le jour de la Découverte, en celui de ISLAS PHILIPINAS que la flatterie y a substitué [a]!

Les noms donnés par les *Découvreurs* doivent être conservés.

SI les Découvertes des premiers Navigateurs du GRAND OCÉAN ont été pendant long-temps perdues pour nous; elles ne doivent pas l'être pour la Mémoire des Hommes audacieux qui ouvrirent la carrière aux Générations suivantes : les Noms qu'ils imposèrent doivent être respectés et conservés religieusement, lorsque l'identité de la Découverte moderne et de la Découverte ancienne a été bien constatée; les Modernes ont seulement le droit de donner des Noms particuliers aux Iles qui, quoique faisant partie d'un Archipel anciennement découvert, n'avoient pas été aperçues par le premier *Découvreur* : ainsi, par exemple, on adoptera, pour l'Archipel DEL ESPIRITU SANTO, les Noms des Iles PIC DE L'ÉTOILE ou DEL AVERDI, des LÉPREUX, de l'AURORE, de LA

---

[a] Voyez *Voyage de Marchand*, Tome I, Pages 437 et 438 de l'Édition in-4.° — Tome II, Pages 323 et 324 de l'Édition in-8.°

PENTECÔTE,

PENTECÔTE, que BOUGAINVILLE a ajoutés à la Terre qui avoit été découverte par QUIROS, ainsi que ceux de MALLICOLO, ERROMANGO, TANNA, que COOK s'est assuré être les Noms que les Naturels donnent à d'autres îles de cet Archipel, et ceux de SANDWICH, MONTAGU, &c. que lui-même a imposés à quelques autres dont il n'a pas pu apprendre les Noms propres. Mais chaque ARCHIPEL en masse conservera le Nom qui lui fut donné à l'époque de la première Découverte. D'après ce principe, j'ai cru devoir restituer sur ma Carte quelques Noms anciens que les Navigateurs modernes ont effacés pour y en substituer de nouveaux qui, en rappelant seulement les derniers Voyages, sembloient condamner les premiers à l'oubli : comme si jamais on devoit oublier les Hommes audacieux qui osèrent ouvrir la carrière dans laquelle leurs Successeurs, en marchant sur leurs traces, sont parvenus à s'illustrer !

Ainsi, dans l'OCÉAN-ATLANTIQUE MÉRIDIONAL, j'ai rendu le nom de HAWKINS's MAIDENLAND [Terre de *la Vierge,* ou la *Virginie* de *Hawkins*] aux îles que les Français ont nommées MALOUINES et les Anglais FALKLAND.

La TERRE DE LA ROCHE, découverte, en 1675, par le Navigateur français de ce nom, qui ne lui en imposa aucun, située dans le même Parage que la précédente, et retrouvée en 1756, par DUCLOS-GUYOT qui la nomma ÎLE SAINT-PIERRE, ne changera point le nom de cet Apôtre contre celui du Roi GEORGES, que le Capitaine COOK y attacha en 1775; elle sera la TERRE DE LA ROCHE, ou ÎLE SAINT-PIERRE[a].

Terre ou île de LA ROCHE [île S.t PIERRE de DUCLOS-GUYOT].

[a] L'île que le Capitaine *Cook* nomma *Georgia,* lorsqu'il la reconnut dans son Second Voyage, au commencement de Janvier 1775, est située entre 54 et 55 degrés de Latitude Sud, à 39 degrés à l'Ouest du Méridien de *Paris;* c'est une île de 31 lieues de long sur 8 de largeur moyenne, qui fut découverte, en 1675, par *Antoine la Roche,* Français d'origine, alors au service de l'*Espagne :* un autre Capitaine français, *Duclos-Guyot,* commandant le Navire espagnol *el Leon* [le Lion], la retrouva le 19 Juin 1756 : et comme *la Roche*

1

LA TIERRA DEL FUEGO, dont le nom seroit mieux rendu en Français par TERRE DU FEU que par TERRE DE FEU, doit conserver, sans doute, la Dénomination qui y fut attachée par MAGALHAENS quand il découvrit le Détroit de l'AMÉRIQUE, nommé KAIKA par les Patagons et les Pecherais qui habitent les deux rives [a]:

ne lui avoit imposé aucun nom, *Duclos-Guyot* la nomma île *Saint-Pierre*. Faut-il que cette île perde son nom et prenne celui de *Georgia*, parce que, un siècle après la première Découverte, et vingt ans après la seconde, elle a été visitée par un sujet du Roi *George!*

Le Capitaine *Cook* n'ignoroit pas que la priorité appartenoit à un Navigateur français; que *Duclos-Guyot*, en retrouvant une île qui n'avoit point de nom, avoit eu le droit de lui en imposer un; et que ce nom devoit être respecté et maintenu par les Navigateurs qui, postérieurement, pourroient la reconnoître. *Cook*, dans la Relation de son Second Voyage, dit que, lorsqu'après avoir quitté la *Terre des États*, il fit route vers l'Est, « il craignit que, s'il se portoit trop dans le Sud, il ne manquât *la Terre qu'on disoit avoir été découverte par* la Roche, *en 1675, par le Vaisseau* le Lion, *en 1756, et que* M. Dalrymple *plaçoit à 54 degrés ¼ de Latitude Sud* »: et, quoique le Capitaine *Cook* n'ait pas parlé de l'île sous son nom d'*île Saint-Pierre*, il ne pouvoit cependant ignorer ni le nom de l'île ni celui du Capitaine qui l'avoit nommée; puisque M. *Dalrymple*, qu'il cite, avoit publié le *Journal original* du Capitaine *Duclos-Guyot*, dans lequel on trouve des détails particuliers sur son île *Saint-*

Pierre, et notamment sa vraie Latitude à laquelle le Capitaine *Cook* n'a pas eu de peine à la trouver. (Voyez *A Collection of Voyages, chiefly in the Southern Atlantick Ocean, published from original Mss. By Alex. Dalrymple, 1775*. Journal du *Leon*, de 1753 à 1756).

N.B. *Cook* n'est parti d'*Angleterre* pour son 3.º Voyage, dans lequel il a retrouvé l'île *S. Pierre*, que le 12 Juillet *1776*.

Si je revendique cette Découverte pour un Capitaine français, ce n'est assurément pas qu'aucune Nation puisse en vouloir à titre de Possession; mais le titre à une Découverte est une propriété que les Anglais tentent d'usurper sur toutes les Mers, sur tout le Globe, et que l'Histoire et la Géographie doivent garantir et maintenir à la Nation qui y a droit. Celui qui, le premier, ayant retrouvé la Terre découverte par la Roche *et oubliée depuis 80 ans, y attacha un nom, n'est-il pas bien fondé à réclamer et à se plaindre, lorsque, pour la rendre méconnoissable, on se permet d'effacer ce nom, et d'y en substituer un autre qui en fasse une Découverte anglaise!*

[a] *Magalhaens*, est-il dit dans les Relations de son Voyage, nomma cette partie, *Tierra del Fuego*, parce que, en traversant le Détroit, il vit un grand nombre de Feux sur les Côtes de cette

mais la Côte Occidentale-Méridionale de cette Terre, depuis la Bouche du Détroit jusqu'au Cap de HORN, cette longue suite d'îles extérieures, encore mal connues, qui termine l'AMÉRIQUE dans cette partie, doit porter le nom d'ÎLES ÉLIZABÉTHIDES, qui lui fut imposé, en 1578, par l'Amiral DRAKE, lorsqu'après être entré par le Détroit dans le GRAND-OCÉAN AUSTRAL, la tempête le poussa jusqu'à la dernière île qui termine au Sud la TIERRA DEL FUEGO [a]. La Pointe Méridionale de cette île extrême reçut dans la suite le nom de CAP DE HORN, qui lui fut donné par LE MAIRE et SCHOUTEN, lorsque, en 1616, ils découvrirent cette extrémité du Nouveau Monde, en venant de l'Orient, comme l'Amiral DRAKE l'avoit découverte en venant de l'Occident [b].

LA TERRE DE KERGUELEN, quoique vraiment une Terre *désolée*, gardera le nom du Navigateur qui l'a découverte en 1771, et ne prendra point celui d'ÎLE DE LA DÉSOLATION, sous lequel on s'est permis de l'inscrire dans la Carte générale des Voyages de COOK [c].

Terre
de KERGUELEN.

Terre que la direction et le bruit des Courans lui firent juger devoir être un amas d'îles.

[a] Voyez à la suite du *Voyage de Marchand*, les *Recherches sur les Terres Australes de Drake*. Tome III, P. 239 de l'Édit. in-4.° — Tome V, P. 336 de l'Édit. in-8.°

[b] *Ibid.* Note V : *De la Découverte du Cap de Horn*. Page 266 de l'in-4.° — Page 369 de l'in-8.°

[c] Il a bien été licite au Capitaine *Cook* de qualifier cette Terre de *Isle of Desolation*; mais cette qualification, qui lui convient parfaitement, ne devoit pas être substituée avec intention, sur les Cartes anglaises, et notamment sur la Carte générale de son 3.° Voyage,

par le Lieutenant *Roberts*, à la Dénomination de *Terre de Kerguelen*, laquelle constate que cette Découverte, faite en 1771 et continuée en 1774 par *Kerguelen*, vérifiée seulement par *Cook* à la fin de 1776, appartient à la Nation française. Ce que j'ai dit de la *Terre de la Roche* s'applique également à celle-ci : la *Possession* n'en sera pas disputée, et ne sera jamais l'occasion d'une guerre ; aussi ne s'agit-il pas de *posséder*, mais seulement de savoir à qui l'on doit allouer la *Découverte*.

J'en dis autant pour les îles *Terre d'Espérance*; la *Caverne*; îles *Arides*, île de *Possession*, &c., situées sur le Parallèle de 46 degrés $\frac{1}{4}$ Sud, et occupant, à 20 degrés à l'Ouest de la *Terre*

Iles
de Marion. LES ÎLES de MARION, dans l'Ouest de la TERRE DE KERGUE-LEN, ne changeront pas leurs noms contre les noms anglais que COOK, postérieurement à MARION, leur a imposés.

Iles
PERNICIEUSES
de ROGGEWEEN. MAIS, dans le GRAND-OCÉAN ÉQUINOXIAL, les îles que le Capitaine COOK a nommées PALLISER ISLANDS [Iles de *Palliser*] recouvreront le nom d'ILES PERNICIEUSES [*Shadelik Eylanden*] que l'Amiral hollandais ROGGEWEEN leur avoit imposé quand il les découvrit en 1722, et que le naufrage d'un de ses Vaisseaux sur ces îles a malheureusement consacré [a].

COCOS-BERG
et VERRADERS
EYLAND. COCOS-BERG et VERRADERS EYLAND [les Iles DES COCOS et DES TRAÎTRES], que LE MAIRE et SCHOUTEN découvrirent et nommèrent, en 1616, ne quitteront point leurs Noms pour prendre ceux des Amiraux anglais, BOSCAWEN et KEPPEL, que le Capitaine WALLIS, qui reconnut ces îles en 1767, auroit voulu substituer aux premiers.

ILES SALO-
MON, et l'ESPI-
RITU SANTO. J'AI déjà parlé des restitutions à faire à MENDAÑA et à QUIROS, au premier, de son ARCHIPEL DES ÎLES SALOMON, au second, de sa TIERRA AUSTRAL, l'ARCHIPEL DEL ESPIRITU SANTO.

Abus que l'on
peut faire des
substitutions de
Noms. ON apercevra encore, en parcourant ma Carte, plusieurs noms que j'ai cru devoir restituer, et sur lesquels il seroit inutile de nous

---

de *Kerguelen*, 10 à 12 degrés de Longitude de l'Orient à l'Occident, dans le Sud de *Madagascar*, îles que le Capitaine français *Marion Dufresne* découvrit en 1772, et que la Carte du Troisième Voyage de *Cook* nous présente comme des *Découvertes* de *Cook*, parce qu'il les vit en 1776, et qu'il lui plut de leur imposer les noms de *Prince Edward's Islands* et *Desert Isles*.

Faut-il donc absolument que les Découvertes, même les moins importantes, ayent été faites par les Anglais! qu'ils ayent découvert le Monde entier! Leur part, après les restitutions faites, sera

encore assez belle; car, s'ils ont *peu découvert*, dans le sens absolu du mot *découvrir*, on doit leur accorder de nous avoir fait *connoître* postérieurement, dans les différentes Parties du Monde, ce qu'avant eux le hasard avoit fait *découvrir* aux autres : et à cet égard, le Capitaine *Cook* l'emporte, à lui seul, sur tous les autres Navigateurs ensemble.

[a] Voyez à la suite du *Voyage de Marchand*, Tome II de l'Édition in-4.° et T. IV de l'Édition in-8.°, l'*Examen Critique des Relations du Voyage de Roggeween*, &c.

arrêter. La Géographie ne doit pas être moins soigneuse que l'Histoire , de conserver les dates des Découvertes et les noms des *Découvreurs ,* et d'éviter tout ce qui peut donner lieu à des anachronismes, ou favoriser des prétentions mal fondées : les Cartes aussi font autorité; et nous avons vu que trop souvent les Anglais se sont prévalus des Copies faites en FRANCE, de Cartes infidelles qu'eux-mêmes avoient antérieurement publiées dans leur Langue avec des noms nouveaux substitués à ceux qui avoient été imposés, aux Terres dans des temps plus anciens, ou avec des noms transportés d'un lieu, d'un Cap, à un autre, pour changer ou reculer, suivant leurs vues ou leurs intérêts, des limites stipulées dans les Traités de paix; nous les avons vus établir sur ces substitutions, des titres prétendus de propriété, où plutôt des titres d'usurpation : les Côtes de l'île de TERRE-NEUVE en fourniroient seules plus d'un exemple ; et celles de la GUIANE témoignent contre une autre Puissance, amie et tributaire de l'ANGLETERRE, qu'avec des substitutions de Noms, la mauvaise foi élude les Traités : l'usurpation, fondée sur une erreur, finit par faire oublier le titre de propriété.

IL EST une autre espèce de réforme à faire dans la Nomenclature des Cartes hydrographiques, et plus particulièrement des Cartes françaises, c'est celle de toutes ces Dénominations d'Iles, de Caps, de Ports, &c., que les Traducteurs, qui veulent trop traduire, ont substituées mal-à-propos aux Dénominations originales que les Navigateurs qui découvrirent les Terres leur avoient imposées par le droit qu'ils en avoient. Ghaque Nation veut traduire les Noms dont *elle* trouve l'équivalent dans sa propre Langue; et, de cette manie nationale, résulte la confusion dans la Nomenclature de la Géographie [a]. Entre mille exemples, je choisis le premier qui se

Inconvénient de traduire les Noms donnés par les DÉCOUVREURS.

---

[a] La manie de traduire tout va quelquefois jusqu'au ridicule. Tout le monde connoît le Cap de *Horn* qui reçut son nom de celui du Port de *Horn,* la patrie de *Schouten,* d'où avoit été expédié le Vaisseau l'*Eendragt* [la Concorde], monté par *le Maire :* le Traducteur des Voyages de *Dampier* qui lisoit dans

présente à ma mémoire. Trois Plans portent pour titre : le premier,
VLEER-MUYS BAAY; le second, FLITTERMOUSE BAY; le troisième,
Baie DES CHAUVE-SOURIS : si un Français ne sait pas les Langues
hollandaise et anglaise, comment devinera-t-il que ces trois noms
sont le même, celui d'une même Baie située à la Côte Méridionale de l'île de JAVA ! Qu'à la suite du nom primitif, du nom
original d'un Port, d'un Cap, &c., on indique dans sa propre
Langue, la signification du nom qui lui fut donné par le Navigateur qui le découvrit le premier, par la Nation qui la première
l'occupa, rien assurément n'est mieux fait, et l'on doit desirer,
pour la facilité de s'entendre entre les Géographes des différens
Pays, que l'usage de ces Traductions devienne universel : ainsi,
l'on approuvera qu'un Auteur français qui veut publier pour ses
compatriotes le Plan que j'ai pris pour exemple, écrive au-dessous
du Titre original de VLEER-MUYS BAAY, ces mots français, Baie
des CHAUVE-SOURIS; il indiquera par-là que le nom de *Vleer-
Muys,* donné au Port par les Hollandais, n'est ni un nom propre
dans le Langage du Pays, ni celui d'un Navigateur ou de toute
autre personne, et seulement un nom caractéristique, un nom de
circonstance, de localité, qui désigne une Baie où, sans doute,

l'original, *Cape Horn,* l'a traduit par le Cap *Cornu,* parce que, dans la Langue anglaise, *Horn* signifie une *Corne.* Un Marin français qui lit cette traduction, reconnoîtra-t-il, à travers ce déguise-ment, le fameux *Cap de Horn !*

Que de passages je pourrois citer des Voyages de Mer traduits de l'Anglais, qui se trouvent défigurés au point de devenir inintelligibles pour nos Marins, parce que le Traducteur, quoique pos-sédant à fond l'une et l'autre Langue, et écrivant élégamment dans la sienne, a été réduit à traduire avec le Diction-naire ce qu'il n'entendoit pas, et ne pouvoit pas entendre : la Manœuvre du Vaisseau, les accidens, les avaries oc-casionnées par un coup de vent et les réparations qu'elles exigent, les Recon-noissances et les Relèvemens des Terres, la description des Ports, les Remarques sur les vents, les courans et les Marées, les Résultats des Observations astrono-miques, les Discussions géographiques, enfin, tout ce qui tient à la Science nau-tique, à l'Hydrographie, à la Marine, ne peut être traduit que par les Marins : dans chaque pays, ils ont une Langue

les *Chauve-Souris* sont si multipliées qu'elles se sont fait remarquer par le Navigateur qui la découvrit : mais, en général, conservons à chaque Lieu le nom qui lui fut imposé à l'époque de la Découverte ; conservons-le dans la Langue du *Découvreur ;* contentons-nous, quand nous le jugerons nécessaire, d'en donner l'explication dans notre propre Langue ; et sur-tout, que les Navigateurs s'attachent à désigner chaque Ile, chaque Port, &c., par le Nom propre qu'il reçoit des Naturels du Pays, quand le Lieu est habité ; car il est probable que personne alors ne cherchera à traduire ce Nom ; et que, maintenu dans son originalité, il passera d'une Carte anglaise, à une Carte hollandaise, française ou autre, sans que la différente manière de prononcer et d'écrire puisse le défigurer assez pour le rendre méconnoissable. J'observerai cependant que, lorsqu'un Navigateur a imposé un Nom à un Port, à une Ile, &c., qu'il a découverts, et que, par la suite on vient à connoître le Nom propre du Lieu dans la Langue du Pays, ce dernier Nom, quoiqu'étant le véritable, ne doit pas faire oublier le premier, bien que l'on puisse appeler celui-ci un nom d'emprunt : on verroit avec plaisir l'un et l'autre inscrits sur les Cartes de Détail où l'espace le comporte : la première Dénomination sous

à eux, dont les mots ne se trouvent pas dans le Dictionnaire de la Langue usuelle ; ou, si ces mots y sont portés, les définitions qui les accompagnent sont communément défectueuses, et plus souvent encore insuffisantes pour suppléer à ce que le Traducteur n'a pas entendu, et que l'on ne pouvoit pas exiger qu'il entendît. Trop peu de Marins, sans doute, seroient en état d'entreprendre une Traduction ; ce genre de travail demande d'autres études, une autre instruction, que celles d'un Navigateur ; mais l'Homme de Lettres pourroit s'associer l'Homme de Mer dont il se chargeroit toutefois de polir le *Style* ; et la réunion de leurs connoissances et de leurs talens nous procureroit d'excellentes Traductions, des Traductions qui pourroient tenir lieu des Originaux. Du reste, cette association n'auroit rien d'extraordinaire, rien qui pût blesser l'amour-propre de l'un ou de l'autre : ne connoissons-nous pas de grands Peintres Paysagistes qui faisoient peindre par une main étrangère les Figures dont ils vouloient enrichir la composition de leur Tableau !

laquelle une île nouvellement connue a figuré dans le tableau de notre Globe, rappelle à la fois l'époque de la Découverte et le nom du Navigateur à qui nous la devons; et c'est un tribut de reconnoissance qui ne peut être refusé à ces Hommes *hardis* qui ont franchi les Mers pour nous faire connoître le Monde que nous habitons: ainsi, quand j'aurai écrit O-TAÏTI, j'écrirai au-dessous, la SAGITTARIA DE QUIROS; mais je n'y inscrirai pas le KING-GEORGE que WALLIS a voulu substituer au nom que le *Découvreur* espagnol avoit imposé à cette île.

CONCLUSION.   LA NOMENCLATURE de l'Hydrographie acquerra une grande simplicité, si jamais on obtient que, sur les Cartes des différentes Nations, chaque Terre, chaque Ile, chaque Port, chaque Cap, ne porte qu'un même nom, le nom qui lui fut donné à l'époque de la Découverte, ou celui qu'il reçoit des Naturels du pays: on n'aura plus à craindre la confusion et les anachronismes dans l'Histoire de la Navigation; et chaque Peuple trouvera inscrite sur le Tableau de l'OCÉAN, la part qui lui revient dans la Reconnoissance et la Description des MERS.

Mais, si l'on doit conserver religieusement les Dénominations qui peuvent constater la Propriété de Découverte, que je distinguerai toujours du droit de Possession, parce que celui-ci ne peut jamais ni abolir ni même affoiblir le titre de la Propriété incommutable du *Découvreur;* nous ne sommes pas tenus au même respect pour les Dénominations que le hasard des circonstances, l'orgueil d'une Nation, les motifs de la vanité, les vues de l'intérêt, les spéculations de la Politique, et anciennement l'ignorance, ont fait donner à différentes parties de la Propriété commune, à des portions de l'OCÉAN dont l'ensemble embrasse les deux grandes Iles de la Terre, que la Nature semble n'avoir voulu séparer par ce large fossé, que pour rendre les Communications entre leurs habitans, plus faciles et plus promptes : et, puisque l'OCÉAN appartient à tous, il ne doit être employé, pour les

DIVISIONS

DIVISIONS et les SUBDIVISIONS de sa superficie, que des Dénominations dont chaque Peuple puisse faire également usage sans blesser ni la Géographie ni la Raison.

LA DÉFAVEUR que porte avec soi l'idée d'une innovation, sur-tout quand elle attaque des Dénominations que le temps semble, en quelque sorte, avoir consacrées, s'est si souvent offerte à ma pensée dans le cours du long examen auquel je me suis livré, que j'aurois hésité à proposer mes idées, si la nécessité d'une réforme ne se faisoit péniblement sentir à celui qui, occupé de l'Histoire des Navigations, promène sans cesse ses regards sur la surface de ces plaines liquides dont l'Homme, ambitieux d'accroître son domaine, osa tenter de franchir et franchit l'immense étendue. Il est si rare de combattre avec succès un usage enraciné ! Si cependant on veut considérer que je n'ai fait, pour ainsi dire, que remettre chaque chose à sa place; peut-être ne sera-t-on point arrêté par l'idée d'une innovation qui n'est qu'en apparence; peut-être n'y verra-t-on qu'une réforme naturelle, nécessaire pour se mieux entendre en Géographie, pour s'entendre par-tout et toujours. J'ose croire que, si la force de l'habitude peut céder à la raison, les Géographes des différentes Nations seront amenés, du moins insensiblement, à adopter une DIVISION et une NO-MENCLATURE HYDROGRAPHIQUES qui, n'étant celles d'aucun Temps, d'aucun Pays, d'aucun Peuple, en particulier, conviennent également à tous les Peuples, à tous les Pays, à tous les Temps, et doivent être invariables, comme les principes qui leur servent de fondemens.

Si cependant, contre mon attente, la DIVISION et la NOMEN-CLATURE que je propose ne sont pas adoptées, je croirai qu'elles ne doivent pas l'être, et je respecterai le jugement qui les aura rejetées. Toutefois, lorsqu'en parcourant la surface de l'OCÉAN, mes yeux s'arrêteront sur le DÉTROIT DE BERING, et que je me représenterai l'intrépide COOK luttant, sous le Cercle Polaire du

. K

Nord, contre les tempêtes hyperboréennes, contre les montagnes flottantes, au milieu de la ténébreuse horreur d'une Mer bouleversée par les Aquilons; j'avoue que j'aurai de la peine à entendre, et qu'il m'en coûtera de dire, qu'il navigue paisiblement dans la Mer Pacifique du Sud.

A Paris, ce 3 Germinal, An VII de l'Ere française.

NOTICE DES CARTES.

CARTE GÉNÉRALE.

J E n'entreprendrai pas d'en faire une Analyse raisonnée qui exigeroit un Volume, puisque je devrois y rappeler et y discuter tous les travaux que les Astronomes, les Navigateurs et les Géographes ont multipliés pour perfectionner la Description du Globe : je me bornerai à dire que cette Carte est fondée sur toutes les Observations astronomiques faites à Terre ou à la Mer, et connues en FRANCE avant l'An V de l'Ere française. Les Positions géographiques qui sont les Résultats de ces Observations, ont été fixées sur le *Cuivre* même, d'après les Échelles de Latitude et de Longitude qui y avoient été préalablement divisées et tracées. L'intervalle de deux Points déterminés a été rempli, en réduisant scrupuleusement, pour chaque portion, les meilleures Cartes connues, des Cartes de Détail, quelquefois même des Plans particuliers, et en assujettissant, sur le *Cuivre,* ces Réductions aux deux Points fixes qui limitent chaque intervalle. Comme cette Carte est originairement celle qui a été dressée pour accompagner la *Relation du Voyage de MAR-CHAND;* la Circonnavigation du Vaisseau LE SOLIDE s'y voit tracée, telle qu'elle a été indiquée par les résultats des Observations faites à bord dans le cours du Voyage, et discutées à la suite de la *RELATION* [a], d'après les Données consignées dans le *JOURNAL DE ROUTE* [b]. Mais la première Édition de la Carte ne présentoit qu'une partie du nouveau Système de DIVISION et de NOMENCLATURE HYDROGRAPHIQUES qu'on a vu développé dans le Mémoire précédent; au lieu que cette seconde Édition offre le Système complet, et met sous les yeux du Lecteur la totalité des changemens proposés dans le Mémoire.

Si l'on examine cette Carte avec quelque attention, on verra que le Littoral des Continens, ainsi que les Groupes d'Iles ou Archipels jetés

[a] Tome II, Pages 1 à 244. de l'Édition in-4.° — T. III, P. 1 à 326 de l'Édit. in-8.°

[b] Tome II, Pages 246 à 321, in-4.° — T. III, P. 377 à dernière, in-8.°

. K 2

dans les intervalles qui les séparent, présentent des Détails que souvent on ne trouve pas aussi bien exprimés qu'on les voit ici, dans des Cartes hydrographiques dressées sur des Échelles plus grandes qui offrent plus de facilité pour les faire sentir : et, quoique le défaut d'espace n'ait pas permis d'indiquer ces Détails par les noms qui les distinguent, le Navigateur qui est instruit n'aura pas de peine à les démêler et à les reconnoître.

Le C.^{en} BEAUTEMPS - BEAUPRÉ , Ingénieur hydrographe de la Marine, a bien voulu se charger de la rédaction de cette Carte : il a apporté dans ce travail, l'intelligence, l'exactitude et les talens d'exécution, dont il avoit donné tant de preuves dans l'Expédition du Contre-amiral DENTRECASTEAUX, où il étoit employé en qualité d'Ingénieur hydrographe en chef, et qui lui ont mérité qu'à son retour l'Institut national des Sciences et des Arts l'adjoignît à ses travaux, en qualité de son Dessinateur géographe.

CARTE d'une partie du GRAND-OCÉAN ÉQUINOXIAL.

CETTE Carte est celle que j'ai dressée pour accompagner l'*Examen critique des Relations du Voyage fait autour du Monde, en 1721 et 1722, par l'Amiral hollandais ROGGEWEEN :* j'ai cru devoir la joindre à ce Mémoire, parce qu'elle présente sur une grande Échelle, les Iles du GRAND-OCÉAN ÉQUINOXIAL, que j'ai distribuées en ARCHIPELS (ci-devant P. 56 à 64), et auxquelles la petitesse de l'Échelle de la *CARTE GÉNÉRALE* n'a pas permis d'appliquer les Noms distinctifs qu'elles reçoivent des Insulaires eux-mêmes, ou, à défaut de ceux-ci, les Noms qui leur ont été imposés par les Navigateurs de diverses Nations, qui, en différens temps, en ont fait la Découverte ou la Reconnoissance.

FIN.

SYSTÈME

MÉTRIQUE DÉCIMAL,

APPLIQUÉ

A LA NAVIGATION.

APPLICATION

DU

SYSTÈME MÉTRIQUE DÉCIMAL

A L'HYDROGRAPHIE

ET

AUX CALCULS DE LA NAVIGATION;

Moyens proposés pour en faciliter l'établissement,
et TABLES à cet usage.

[Lu à l'Institut national des Sciences et des Arts, Classe des Sciences morales et
politiques, dans la Séance du 27 Fructidor, An VII. — Lu et discuté les 4 et
24 Vendémiaire, et 9 Brumaire, an VIII, dans les Séances du Bureau des Longitudes, qui a nommé des Commissaires pour lui en faire un rapport.]

L'AVANTAGE d'un SYSTÈME MÉTRIQUE DÉCIMAL, convenable
à tous les Pays, et applicable à tous les calculs, est si généralement
reconnu pour la facilité des Opérations, qu'il n'est personne qui ne
regrette de ne l'avoir pas trouvé établi, personne qui ne desire que
l'usage en devienne bientôt aussi répandu, qu'il est commode et ex-
péditif dans l'emploi des Mesures et des Chiffres. On sait que toutes
les Mesures de ce Système sont rapportées à une Base unique, invariable, prise dans la Nature, le QUART DU MÉRIDIEN TERRESTRE,
conséquemment, la circonférence entière de la Terre. Les Divisions
de ces Mesures sont toutes assujetties à l'ORDRE DÉCIMAL employé

dans notre Arithmétique ; et , en les substituant par-tout, et exclusivement , aux Divisions *Sexagésimales* , *Duodécimales* et autres, on obtient la *plus grande simplification dans les Calculs complexes,* tels que ceux qui conduisent aux Résultats qu'on veut tirer des Observations astronomiques. Le grand travail géodésique qui devoit faire connoître , avec une exactitude dont nous n'avions pas le modèle , la Base naturelle sur laquelle repose tout le SYSTÈME MÉTRIQUE DÉCIMAL , est enfin terminé ; et le MÈTRE , l'Unité de toutes les Mesures de longueur, est fixé définitivement et invariablement : il ne reste plus, pour jouir du fruit de cette longue suite de travaux, que d'en appliquer le résultat aux différens besoins de la Société ; et , sans jamais en altérer le principe fondamental, d'en modifier l'application, suivant l'usage particulier qui peut être fait des Multiples du MÈTRE et de ses Diviseurs.

Le Navigateur , plus que tout autre, appréciera l'avantage d'un Système métrique simple et toujours uniforme : car , pour guider un Vaisseau à travers l'immensité de l'OCÉAN, qui ne présente à l'œil qu'une circonférence à rayon constant et à centre mobile, toujours semblable à elle-même quoique variant à chaque instant, et pour le faire parvenir sûrement et par la ligne la plus courte, à un point que l'on n'aperçoit pas et auquel on veut aborder, il faut sans cesse observer , sans cesse mesurer, sans cesse calculer.

Mais des difficultés nombreuses, qui ne sont que les difficultés du moment et s'aplaniront avec le temps et de la persévérance , s'opposent , quant à présent, à ce que le SYSTÈME MÉTRIQUE DÉCIMAL soit employé dans les Calculs de la Navigation ; car il faut bien se garder de l'impatience qui voudroit y introduire ce Système *par parties,* et l'allier avec l'ancien ; je ferai voir que l'uniformité, *l'unité* de Système métrique est d'une nécessité indispensable dans les opérations des Navigateurs, qui toutes, liées l'une à l'autre, marchent de front pour parvenir à un Résultat. Il importe sur-tout ici de ne pas se dissimuler les difficultés : pour les lever, il faut les connoître ; et , en les développant, je

m'occuperai

m'occuperai de faciliter le passage d'un Système à l'autre, et de sauver les dangers du trajet. Je vais d'abord présenter les obstacles par aperçu ; je passerai ensuite aux détails ; et je proposerai, en même temps, les moyens qui me paroissent les plus propres, les plus prompts, les plus sûrs, pour appliquer le SYSTÈME MÉTRIQUE DÉCIMAL aux Calculs de la NAVIGATION : mais, en les proposant, je n'oublierai pas que le salut du Navigateur tient à une erreur de Mesure, à une erreur de Chiffre ; et qu'obligé de fixer chaque jour, ou à un instant donné, la Position du Vaisseau sur le Globe, et de diriger sa Route avec le seul secours des Observations et des Cartes, à travers une plaine où le chemin n'est pas tracé, et où lui-même ne laissera pas de trace, il doit s'être bien assuré que ses guides ne l'égareront pas.

Du reste, je déclare qu'en traitant cette matière, j'ai moins pour objet d'exposer mes propres idées, que d'engager les Marins à communiquer les leurs.

1.º TOUTES les Cartes hydrographiques, françaises et étrangères, sans exception, sont établies sur des Méridiens, et sur des Cercles de Longitude ou Parallèles, divisés en 360 parties ou Degrés, le Degré, en 60 Minutes, la Minute, en 60 Secondes, &c. : toutes les Tables de l'Astronomie, toutes celles dont les Navigateurs font spécialement usage pour leurs Calculs, la Boussole même, et les Roses de Vents tracées sur les Cartes pour servir à diriger la Route et à indiquer le Gisement des Terres, tant entre elles qu'à l'égard du Vaisseau, sont également assujetties à cette même DIVISION SEXAGÉSIMALE : au lieu que le Système métrique Décimal, assujetti dans toutes ses fonctions à la DIVISION DÉCIMALE, exige que le Cercle, et conséquemment les Méridiens, les Parallèles, et le Cercle de l'Horizon représenté par celui de la Boussole, soient divisés en 400 Degrés, le Degré en 100 Minutes, la Minute en 100 Secondes, &c. Ainsi, le Degré du CERCLE DÉCIMAL répond à 54 Minutes du CERCLE SEXAGÉSIMAL, la

Aperçu général des difficultés.

.L

Minute à 32 Secondes 4 dixièmes, la Seconde à 324 millièmes de Seconde, &c. : et un Rumb ou une Aire de Vent de la Boussole, qui est de 11 Degrés 15 Minutes, ou 11 Degrés un quart, dans le CERCLE SEXAGÉSIMAL, répond dans le CERCLE DÉCIMAL à 12 Degrés 50 Minutes ou 12 Degrés et demi.

2.° La Révolution diurne de la Terre, qu'on divisoit en 24 Heures, l'Heure en 60 Minutes, la Minute en 60 Secondes, &c., sera divisée en 10 Heures, l'Heure en 100 Minutes, la Minute en 100 Secondes, &c.; ainsi, 1 Heure de la nouvelle Division du Jour astronòmique répondra à 2 Heures 24 Minutes de l'ancienne; 1 Minute, à 1 Minute 26 Secondes 4 dixièmes; 1 Seconde, à 864 millièmes de Seconde, &c. Les Navigateurs, pour évaluer la Vîtesse du Vaisseau, ou le chemin qu'il parcourt en un temps donné, emploient une Mesure de 47 pieds $\frac{1}{2}$, laquelle, dans le Système Sexagésimal, correspond à une demi-minute ou la 120.ᵐᵉ partie de l'Heure ancienne ; et cette demi-minute fixe le temps que doit durer l'Observation, pour que la Mesure de 47 pieds $\frac{1}{2}$ représente un Mille marin parcouru pendant une Heure. Ces Rapports et ces Mesures ne peuvent être maintenus ; et il faudra que l'on emploie pour la mesure du Temps, une partie aliquote, un sous-multiple, de la Division Décimale du jour, et, pour la mesure du Chemin, un sous-multiple d'une Mesure Décimale de longueur.

3.° La LIEUE MARINE qui est la 20.ᵐᵉ partie du Degré ou de la 360.ᵐᵉ partie du Cercle *Sexagésimal*, et le MILLE MARIN qui répond à 1 Minute, ou la 21600.ᵐᵉ partie de ce Cercle, ne se trouvant pas en correspondance avec le Degré ou la 400.ᵐᵉ partie du Cercle *Décimal*, ni avec 1 Minute ou la 40000.ᵐᵉ partie de ce Cercle, il devient nécessaire de substituer à la Lieue Marine et au Mille Marin une Mesure Itinéraire qui soit une partie aliquote du nouveau Degré terrestre : car la Lieue Marine répondroit à 5 *Kilomètres* 5 *Hectomètres* 5 *Décamètres* 5 *Mètres* 5 *Décimètres* 5 *Centimètres* 5 *Millimètres*, &c., à l'infini, ou,

plus simplement, à 5 *Kilomètres* 555 *Mètres* 555 *Millimètres*, &c.,
à l'infini; et le Mille Marin, à 1 *Kilomètre* 8 *Hectomètres* 5 *Décamètres*
1 *Mètre* 8 *Décimètres* 5 *Centimètres* 1 *Millimètre*, &c., à l'infini,
ou, plus simplement, 1 *Kilomètre* 851 *Mètres* 851 *Millimètres*, &c. :
ces quantités fractionnaires infinies ne peuvent être employées dans
la pratique de la Navigation [a].

4.° Les Profondeurs de l'eau sont exprimées sur les Cartes et
les Plans hydrographiques, en BRASSES ou Mesures de 5 Pieds;
et cette Mesure qui répond à 1 *Mètre* 6 *Décimètres* 2 *Centimètres*
4 *Millimètres* 19 centièmes de *Millimètre*, &c. (ou, plus simplement, à $1^{\text{Mètre}},624196925$ que l'on peut borner à $1^{\text{Mètre}},62420$),

---

[a] Quoique l'on suppose que le Lecteur soit familier avec la Nomenclature du *Système Métrique Décimal*, il ne paroîtra pas hors de propos de la rappeler.

Le MÈTRE, ou la dix-millionième partie du Quart du Méridien Terrestre, est l'Unité des Mesures de Longueur.

Les *Multiples du Mètre* sont distingués par les Dénominations suivantes :

La longueur de   10 Mètres, par *Décamètre :*
celle de   100 Mètres, par *Hectomètre :*
celle de 1000 Mètres, par *Kilomètre :*
celle de 10000 Mètres, par *Myriamètre.*

Les *Diviseurs* ou *Sous - multiples du Mètre* sont désignés comme il suit :

Le   10.me, par............... *Décimètre :*
Le 100.me, par............. *Centimètre :*
Le 1000.me, par............. *Millimètre.*

Il eût été à desirer que l'on eût fait choix d'une Nomenclature moins savante. L'emploi de la Langue grecque pour les *Multiples* du Mètre, et de la Langue latine pour ses *Diviseurs*, ne présente pas une facilité à la mémoire des Marins qui, pour la plupart, ignorent également le Grec et le Latin : la désinence monotone du mot *Mètre*, qui termine chaque Mesure de longueur, introduit une confusion pour eux dans la Nomenclature : il sera bien difficile de faire entendre à un Pêcheur de *Terre-Neuve*, et de lui faire retenir, la différence qu'il y a entre un *Décamètre* et un *Décimètre*, entre un *Hectomètre* et un *Centimètre*, &c. : toutes ces Dénominations se confondront dans sa tête; et il pourroit bien finir par croire que l'*Axiomètre* du Vaisseau est aussi une Mesure de longueur.

Ne pourroit-on pas, pour la facilité de s'exprimer et d'être entendu, se borner à dire tout simplement :

1 *MÈTRE*
10 *Mètres* —, 100 *Mètres* —
1000 *Mètres* — 10000 *Mètres*, &c. !
et 1 *dixième* — 1 *centième* — 1 *millième* de *Mètre!*

Les Savans n'y perdroient rien : les Marins y gagneroient beaucoup.

.L 2

doit être remplacée, si l'on emploie le *Système Décimal*, par un multiple, ou un Diviseur sans fraction, de l'*Unité Métrique* de ce *Système*.

Préalable indispensable pour l'emploi des nouvelles Mesures dans la Navigation.

TOUTES les Opérations, tous les Calculs du Navigateur, étant dépendans les uns des autres, et concourant, comme je l'ai dit, à un même Résultat, l'uniformité de SYSTÈME MÉTRIQUE est pour lui d'une nécessité indispensable : les Rapports entre la DIVISION DU CERCLE, la MESURE ITINÉRAIRE et la MESURE DU TEMPS, doivent être de même nature, en sorte que la Conversion des Lieues ou des Milles en Degrés et parties du Degré, et des Degrés en Lieues ou Milles et en parties de ces Mesures, comme celle des Degrés en Temps, et du Temps en Degrés, puissent s'opérer habituellement par des Calculs simples qui n'exigent pas des Opérations compliquées, telles qu'en nécessiteroient le concours et l'amalgame, si je puis le dire, de Mesures hétérogènes, dont l'emploi trop combiné obligeroit le Navigateur de recourir sans cesse à des Règles complexes de Proportion sur des quantités fractionnaires, et à des Calculs toujours longs et difficiles, et conséquemment toujours sujets à erreur.

Il n'est donc pas proposable d'introduire dans la pratique de la Navigation, le nouveau Système Métrique *par parties ;* et pour qu'il puisse y être établi *en entier,* il faut que l'on ait pu exécuter une Collection complète de Cartes et de Plans hydrographiques qui soient assujettis aux Divisions du Cercle et aux Mesures Itinéraires *Décimales ;* il faut que l'on ait pu calculer des Tables d'Astronomie et de Pilotage, où soient employées ces mêmes Divisions et ces mêmes Mesures ; il faut que l'on ait dressé des Instructions nautiques, des Routiers, dont les expressions, quand il s'agit de Degrés de Latitude et de Longitude, de Mesures itinéraires ou de Distances, de Profondeurs de l'eau, d'Angles de Rumbs, de Déclinaison de l'Aiguille aimantée, de Direction des Courans, d'Heures des Marées, &c., soient correspondantes aux Divisions et aux Mesures qui seront employées sur les nouvelles

Cartes et dans les Nouvelles Tables ; il faudroit même que les Marins pussent être pourvus, pour les Observations, d'instrumens divisés en 400 Degrés, et d'Horloges ou Montres *Décimales ;* mais ils pourront, dans le commencement, y suppléer par des Tables de Réduction, qui rameneront les Divisions Sexagésimales aux Divisions Décimales d'après lesquelles ils devront calculer.

L'EXPOSITION sommaire que je viens de faire exige quelques développemens ; et, en traitant chaque objet, je m'occuperai des moyens qui peuvent à la fois accélérer l'établissement du *Système Métrique Décimal* dans la Navigation, et faciliter le passage de l'ancien au nouveau, sans danger et *dans son entier ;* car j'ai prouvé qu'il ne peut pas s'opérer *par parties.*

ON ne doit point douter que les Savans et les Hydrographes ne s'occupent à l'envi de mettre les Navigateurs impatiens en état de jouir de l'avantage du nouveau Système Métrique[a], et que nous ne parvenions à posséder des Tables à l'usage de la Navigation, qui soient calculées pour le Cercle Décimal, et des Cartes où tous les Cercles soient divisés en 400 parties : car, de ce changement de Division du Cercle découlent les principaux changemens à introduire dans les Opérations et les Calculs nautiques. Mais, en attendant que ce travail qui, comme on l'a vu, se divise en plusieurs branches, et qui exige un temps et une dépense considérables, ait pu être terminé, nous serons obligés de continuer à faire usage dans les Calculs de Navigation, de

La LIEUE MARINE doit être conservée, tant que les Méridiens, les Parallèles, &c., des Cartes hydrographiques seront divisés en 360 Degrés.

[a] La Marine s'est empressée d'adopter les nouvelles Mesures pour toutes les parties de son service où, dès à présent, elles pouvoient être introduites sans inconvénient et sans danger : déjà, dans ses Arsenaux, la Toile est achetée et livrée au *Mètre* au lieu de l'*Aune ;* le Cordage se mesure en *Mètres* au lieu de *Brasses ;* les proportions des Vaisseaux, les dimensions de tous les effets nécessaires pour leur équipement, sont réglées sur des Échelles en *Mètres ;* le bois est mesuré au *Stère ;* le Fer et les autres matières sont pesés en *Myriagrammes* et autres Poids inférieurs ; la Ration de mer est distribuée en *nouveau Poids,* &c. ; les dépenses sont comptées en *Francs, Décimes* et *Centimes.*

la LIEUE MARINE et du MILLE MARIN. Cette Lieue Marine, la Lieue des Navigateurs, qui n'est celle d'aucun Pays, est appliquée exclusivement par la plupart des Nations maritimes, à tous les Calculs nautiques, et elle est employée de même sur leurs Cartes et leurs Plans hydrographiques. La nécessité où se trouve le Navigateur, de convertir sans cesse les Mesures itinéraires en Degrés et parties du Degré, et les Degrés et leurs parties en Mesures itinéraires, a exigé qu'il se donnât une Lieue qui fût une partie aliquote, un Diviseur entier et sans Fraction, du Degré Terrestre: il a donc divisé ce Degré en 20 parties qu'il a appelées LIEUES MARINES, et chaque lieue en trois parties qu'il a appelées MILLES MARINS : il résulte de cette division et de cette subdivision, que chaque Mille répond, sans fraction, à 1 Minute ou une soixantième partie du Degré du Méridien, à 1 Minute de LATITUDE; et qu'ainsi l'ÉCHELLE DE LATITUDE, laquelle varie à chaque Degré du Quart du Méridien, depuis l'Équateur jusqu'au Pôle, suivant la progression des *Latitudes croissantes* [a], est, tout à la fois, une Échelle de LATITUDE, une Échelle de LIEUES, une Échelle de MILLES, une Échelle de DISTANCES. Il n'est donc pas possible, avec des Cartes construites sur la Division du Cercle en 360 Degrés, et des Tables usuelles calculées dans un Système *Sexagésimal*, de substituer à la LIEUE MARINE et au MILLE MARIN, le MYRIAMÈTRE, ou quelqu'un de ses Diviseurs, puisque toutes les Mesures de cette nature supposent que le Cercle est divisé suivant le Système *Décimal :* car le Myriamètre, qui est une partie aliquote, la dixième partie du Degré, quand on a *divisé* le Cercle en 400 parties, n'a plus qu'un Rapport fractionnaire.

[a] J'observe qu'il sera nécessaire, pour l'usage des Navigateurs et des Hydrographes, de dresser de nouvelles *Tables de Latitudes croissantes*, calculées pour le Méridien divisé en 400 degrés, et d'après le nouveau Rapport des deux Axes de la Terre, tel qu'on l'a conclu de la dernière Mesure de la Méridienne de la *France*. Le Bureau des Longitudes s'occupe de la construction de ces Tables.

avec le Degré d'un Cercle divisé en 360 : un Degré de ce dernier Cercle, exprimé en Mesures Décimales, répond à 1 1^Myriam., 1 1 1 1 1…. c'est-à-dire, à 1 1 *Myriamètres* 1 *Kilomètre* 1 *Hectomètre* 1 *Décamètre* 1 *Mètre* 1 *Décimètre* 1 *Centimètre* 1 *Millimètre* , &c. , à l'infini [a].

Ce Rapport fractionnaire des parties du Cercle *Sexagésimal* aux Mesures Linéaires *Décimales ,* ne permet donc pas que les Navigateurs fassent usage , quant à présent , du MYRIAMÈTRE ou de ses Diviseurs Décimaux : ils ne pourront jouir de l'avantage du nouveau Système, que lorsqu'ils seront pourvus des Tables nécessaires pour les nouveaux Calculs ; de Cartes hydrographiques construites sur la nouvelle Division du Cercle, dans lesquelles les Méridiens, les Parallèles et l'Horizon étant divisés en 400 parties , ces Parties correspondront aux Mesures itinéraires *Décimales ;* comme aussi, de Plans particuliers dont l'Échelle sera divisée en Myriamètres, ou en autres Multiples de l'Unité Métrique , correspondans aux Divisions *Décimales* du Cercle : mais je dois observer que, si nos Navigateurs, pour naviguer à vue d'une Côte , pour entrer dans un Port, devoient faire usage d'une Carte , d'un Plan , dressés sur la nouvelle Division de l'Horizon, et portant une Échelle en Mesure *Décimale ,* et qu'en même temps ils ne fussent pourvus que d'une ancienne Instruction nautique dans laquelle seroient employées la Division et les Mesures *Sexagésimales ,* la Carte ou le Plan nouveau leur deviendroit à - peu - près inutile ; car ils ne pourroient y rapporter ni les Gisemens, ni les Distances , ni le

---

[a] Dans le nouveau Système Métrique, la Longueur du *Degré Terrestre* est de 1 00 000 *Mètres,* ou 1 0 *Myriamètres.*

Ainsi, dans le SYSTÈME DÉCIMAL, le Cercle étant divisé en 400 parties ou *Degrés,* et chaque partie en 1 00 000 Mètres :

Le *Kilomètre* (ou 1 000 Mètres), la 1 00.me partie du *Degré,* répond à 1 *Minute* du Cercle :

Le *Décamètre* (ou 1 0 Mètres), la 1 00.me partie de la *Minute,* répond à 1 *Seconde,* la 1 0 000.me partie du *Degré,* &c. :

Comme, dans le SYSTÈME SEXAGÉSIMAL, le *Mille Marin* répond à la 60.me partie du Degré, ou 1 *Minute ;* et la 60.me partie du *Mille,* à la 60.me partie de la *Minute,* ou 1 *Seconde,* qui est la 3 600.me partie du *Degré.*

Brassiage, indiqués dans l'Instruction : et l'on ne peut pas dire qu'ils y suppléeront au moyen des Rapports connus des anciennes Mesures aux nouvelles ; car ce seroit vouloir ce qui n'est pas proposable, ce seroit exiger d'eux, qu'ils fissent de tête des Calculs que les plus grands Calculateurs ne feroient pas , des Règles compliquées de Proportion où toutes les quantités seroient fractionnaires, et qui, pour être faites à la plume, exigeroient du temps dans des circonstances où l'on n'en a point dont on puisse disposer, et où le moment commande : seroit-il prudent ! ou plutôt ne seroit-il pas téméraire, de se livrer avec confiance à des approximations aussi dangereuses qu'elles seroient hasardées ! Dans les usages ordinaires de la vie , les erreurs de calcul peuvent être fâcheuses quand elles font perdre de l'argent ; mais, dans la Navigation, les erreurs de calcul sont funestes : elles font perdre des hommes.

La Boussole , le guide du Navigateur à travers ces vastes plaines qui ne présentent aucun point de direction , doit subir dans sa Division , le même changement qu'a éprouvé celle du Cercle en général : le Cercle de l'Horizon doit donc être divisé en 400 parties, comme les Méridiens et les Parallèles.

On a proposé de subdiviser simplement l'Horizon de 10 en 10 Degrés ; chacune des 40 Divisions résultantes formeroit une Aire ou un Rumb de Vent ; et chaque quart du Cercle comprendroit 10 Rumbs[a] : on appelleroit la première des dix Divisions d'un quart de la Boussole , en partant du Nord ou du Sud et en allant vers l'Est ou vers l'Ouest, le 1.er Rumb ; la seconde, le 2.me Rumb , et ainsi de suite jusqu'à la neuvième, ou le 9.me Rumb du quart de Cercle terminé par l'Est ou par l'Ouest. Cette Division, sans doute, est satisfaisante dans la spéculation ; mais il en seroit autrement dans la pratique : j'observe que le Marin chargé de diriger l'action du Gouvernail, le *Timonnier* , qui

[a] Voyez l'*Annuaire de la République pour l'An VII*, Page 49.

communément

communément n'a pas reçu d'autre éducation, d'autre instruction,
que celle d'un Matelot, et qui gouverne, pour ainsi dire, machinalement, a besoin que la différence des Dénominations soit assez
sensible, pour qu'elle frappe et fixe à la fois son oreille et son
œil : quand on lui dit, par exemple, Gouverne au *Nord-Nord-
Est 3 Degrés Nord;* ses yeux se portent sur-le-champ sur la Flèche
du *N. N. E.*, et il n'a pas de peine à prendre en même temps
3 Degrés vers le *Nord :* mais si, pour indiquer la même direction absolue, on lui dit, Gouverne *à 2 Degrés vers l'Est du deuxième
Rumb du Nord à l'Est;* outre que l'expression de ce Commandement est trop longue, elle exige une combinaison; elle n'est pas
assez simple pour l'exécution d'un mouvement qui doit être, pour
ainsi dire, simultanée avec le Commandement, et où il faut, en
quelque sorte, avoir agi avant que la réflexion ait indiqué ce qu'il
falloit faire : c'est l'action du Musicien qui, à la vue d'une note,
pose machinalement tel doigt sur telle corde, sur telle touche de
l'instrument, et qui ne pourroit exécuter, si une combinaison devoit
précéder chacun de ses mouvemens [a].

L'inconvénient ne seroit pas moindre, si l'on vouloit introduire
40 nouvelles Dénominations pour désigner les 40 Divisions nouvelles proposées pour la Boussole : ce seroit de plus un moyen

---

[a] Il pourroit paroître plus simple, au premier coup d'œil, de compter, par une seule progression, de 1 jus-qu'à 400, et de dire : *Gouverne à 25, à 133, à 249* Degrés, &c. ; mais j'observe que souvent on commande de loin au Timonnier; que lui-même il voit d'assez loin sa Boussole mal éclairée, et ne peut distinguer des chiffres écrits en petits caractères sur le contour d'un cercle qui porte à peine trois pouces de rayon, et dont la moitié se présente toujours à lui dans une position renversée; qu'ainsi, lorsqu'on lui criera 133, par exemple, il pourra entendre 143, ou seulement 33 - 43 ; en même temps qu'il peut plus facilement encore se méprendre sur les chiffres qui indiquent les Divisions ou Degrés du Cercle. Des Flèches mi-parties de blanc et de noir, qui, s'appuyant sur des cercles concentri-ques, présentent des longueurs et des largeurs différentes, et portent des noms en gros caractères, se distinguent aisément de loin, et ne sont pas sujettes, comme des Chiffres, à être confondues à la vue.

.M

assuré de ne plus s'entendre avec les Navigateurs des autres Pays.

La Déclinaison de l'Aiguille aimantée, ou la quantité dont sa direction s'éloigne, vers l'Est ou vers l'Ouest, de celle d'un Méridien terrestre, présente une difficulté de plus, Il est assez généralement d'usage dans les Relations des Voyages de Mer, dans les Journaux de Route, dans les Instructions nautiques, &c., d'indiquer les Directions à suivre, et les Relèvemens faits des Terres, en Rumbs de Vent tels que les donne le *Compas de Mer*, c'est-à-dire, sans être corrigés de la Déclinaison de l'aiguille aimantée, vulgairement et improprement appelée *Variation de la Boussole* [a]. On trouve ensuite séparément, les résultats des Observations qui indiquent la quantité de cette Déclinaison pour un Parage donné ; et l'on y a égard, quand on rapporte sur la Carte un Relèvement *par le Compas,* tel qu'il est porté dans la Relation, dans le Journal, dans l'Instruction, &c. [b]. Il y aura donc à faire deux Opérations de Calcul : 1.° Corriger le Rumb Magnétique, de la Déclinaison de l'Aiguille, telle qu'on la déduit des Observations ; 2.° convertir le Rumb du Cercle *Sexagésimal*, ainsi corrigé de la Déclinaison, en Rumb du Cercle *Décimal.* On peut dire que c'est déjà trop que d'être sans cesse obligé de faire de tête une de ces Opérations, et que souvent le Navigateur le plus exercé s'y trompe, quand il veut appliquer à la Carte ce qu'il lit dans un Voyage de Mer ou dans un Ouvrage de Navigation : cette erreur n'est pas de nature à être toujours commise impunément.

Il devroit suffire, sans doute, d'avoir montré les inconvéniens

---

[a] C'est très - improprement que la *Déclinaison* de l'Aiguille aimantée est appelée *Variation de la Boussole :* le mot de *Variation* doit être réservé pour exprimer la quantité dont la *Déclinaison varie* chaque année dans un même Parage, dans un même lieu.

[b] Cet usage est vicieux et rend pénible la lecture des Voyages à celui qui, voulant suivre le Voyageur sur la Carte, est obligé de réduire sans cesse les Rumbs *apparens* en Rumbs *vrais.* Qu'en coûteroit-il au Navigateur de donner, dans sa Relation, les Relèvemens des Terres *corrigés de la Déclinaison* de l'aiguille aimantée ! La Relation présenteroit alors les Rumbs de vent tels qu'on doit les rapporter sur la Carte.

nombreux et les difficultés qui résultent d'un changement dans la *Division de la Boussole*, pour décider à en repousser à jamais l'idée. Mais ne pourroit-on pas, par composition, et sans déroger au *Système Décimal* qui doit être généralement maintenu, ne pourroit-on pas conserver d'abord (indépendamment des quatre Vents principaux, N. — S. — E. — O.) les quatre intermédiaires, N. E. — N. O. — S. E. — S. O., et aussi les huit sous-intermédiaires, N. N. E. — N. N. O. — S. S. E. — S. S. O. — E. N. E. — E. S. E. — O. N. O. — O. S. O.! et supprimer seulement si, contre mon opinion, on le jugeoit indispensable, les huit Rumbs de Vent qui ont des dénominations de *Quarts*, tels que le N. ¼ N. E., le N. ¼ N. O., &c.! Les intermédiaires, N. E., N. O., &c., formeroient avec les Vents principaux un Angle de 50 Degrés *Décimaux ;* et les sous-intermédiaires, N. N. E., N. N. O., &c., un Angle de 25 Degrés avec le Vent principal ou avec l'intermédiaire le plus voisin : on diroit, par exemple, N. N. E., 2, 3, &c., jusqu'à 24 Degrés Nord, et N. N. E., 2, 3, &c., jusqu'à 24 Degrés Nord-Est.

Je doute cependant que les Marins veuillent entendre à aucune composition sur la Division de leur BOUSSOLE, et je suis bien loin de le leur conseiller ; j'ajoute même que je ne vois aucun inconvénient, que je vois, au contraire, beaucoup d'avantage à continuer de diviser la ROSE DES VENTS en 32 parties : ce nombre de 32 n'étoit pas Diviseur de 360, et ne le sera pas de 400; il en résultera seulement qu'un Angle de Rumb sera de 12 Degrés ½, quand on calculera dans le Cercle *Décimal,* au lieu qu'il étoit de 11 Degrés ¼ quand on calculoit dans le *Sexagésimal*[a] : et il n'est pas dit que, dans le nouveau Système Métrique, on ne doive jamais employer d'autres nombres que des Multiples et des Diviseurs de 10 : quand j'observe la hauteur d'un Astre au-dessus

[a] Voyez dans la TABLE III, la correspondance des Angles de ces deux Divisions.

de l'Horizon, ou la distance de deux Astres entre eux, l'Observation me donne des *Angles de toutes grandeurs, des nombres de toute espèce :* pourquoi n'admettroit-on pas dans la *Division* de l'Horizon, pour la commodité des Navigateurs, et plus encore pour éviter des erreurs qui peuvent être funestes, une suite de 32 Angles de 12 Degrés $\frac{1}{2}$, dont la somme est égale à 400 Degrés, Division du Cercle *Décimal !* Les noms anciens des 32 Rumbs continueront d'être employés pour indiquer la ROUTE au Timonnier à qui il importe peu que les Angles soient de 11 Degrés un quart *Sexagésimaux,* ou de 12 Degrés et demi *Décimaux ;* mais quand on fera le RELÈVEMENT DES TERRES, on rapportera tous les Angles au NORD ou au SUD ; et de ces deux Points, en allant vers l'EST ou vers l'OUEST, on comptera sans interruption depuis 1 jusqu'à 100 Degrés. Par ce moyen, le Cercle de l'Horizon n'en sera pas moins divisé en 400 parties, comme nos Méridiens, comme nos Parallèles ; et nous aurons sauvé une des plus grandes difficultés qui se rencontrent dans l'application du Système Métrique Décimal aux Opérations et aux Calculs de l'Art nautique : il en restera assez encore à franchir, jusqu'à ce que nous soyons parvenus à substituer, dans toutes les parties, le nouveau Système Métrique à l'ancien.

Si l'on se refusoit absolument à admettre dans le *Système Décimal,* la Division de la BOUSSOLE en 32 parties, quoique l'on ne puisse y voir aucun inconvénient ; je préférerois à toute Division nouvelle, de ne placer des ROSES DE VENTS ni sur les Cartes ni sur les Plans que l'on construira d'après les *principes* du nouveau Système, et d'y tracer seulement, de distance en distance, des Méridiens et des Parallèles : on auroit, pour suppléer aux Roses, deux Rapporteurs de corne transparente ; sur l'un, seroient tracés les Rumbs de Vent, suivant la Division *Décimale ;* sur l'autre, suivant la Division *Sexagésimale ;* on feroit usage du premier quand on travailleroit sur une de nos nouvelles Cartes ; le second serviroit lorsqu'en lisant la Relation d'un Voyage de

Mer, dans laquelle sont employés les anciens Rumbs, on voudroit suivre sur une nouvelle Carte la Route du Vaisseau, et y rapporter les Gisemens indiqués dans le *JOURNAL*. Ces Rapporteurs transparens, ces Roses *mobiles*, auroient même un avantage sur les Roses *fixes* que l'on voit tracées sur les Cartes, en ce que l'on pourroit se former à volonté une Rose des Vents sur le point de la Carte duquel on partiroit pour diriger sa Route, ou sur celui d'où l'on auroit pris des Gisemens de Terres. Un fil, qui seroit fixé au centre du Rapporteur, serviroit d'Alidade, comme il en sert dans le *QUARTIER DE RÉDUCTION*, Instrument dont l'usage est si familier aux Navigateurs français. Je ne propose cependant ce moyen que comme un palliatif, et non comme un remède au mal qui résulteroit d'un changement dans la DIVISION DE LA BOUSSOLE : sans doute, il faut maintenir le Système *Décimal* dans son intégrité, et diviser tout par 10, par-tout où on le peut sans un grand inconvénient; mais on pourroit dire à celui qui, par exagération, s'opposeroit à ce que nous conservassions la DIVISION DE LA BOUSSOLE en *trente-deux* Rumbs : Ordonnez donc à la Terre de faire dans son année quatre cents révolutions sur son axe, afin que vous puissiez aussi diviser l'Année en *dix* Mois et non pas en *douze*.

LES MESURES ITINÉRAIRES des Navigateurs, la LIEUE MARINE et le MILLE MARIN, doivent être changés, pour y substituer des Mesures correspondantes à la Division du Cercle *Décimal* : mais, en faisant ce changement, il est nécessaire de conserver aux Marins deux Mesures Itinéraires ; la première, pour les grandes distances ; la seconde, pour les petites ; comme ils avoient la LIEUE et le MILLE.

MYRIAMÈTRE ou LIEUE DÉCIMALE, et KILOMÈTRE ou MILLE DÉCIMAL, à substituer à la LIEUE MARINE et au MILLE MARIN.

Le MYRIAMÈTRE (ou 10 mille Mètres), la 10.me partie du Degré *Décimal*, que j'appellerai la LIEUE DÉCIMALE, répond à 5130 Toises 74 centièmes, ou à 1 Lieue Marine 8 dixièmes, ou 5 Milles Marins 4 dixièmes.

Cette Mesure peut être employée avec avantage pour les grandes Distances ; mais, pour les petites, on fera usage du KILOMÈTRE, le dixième du MYRIAMÈTRE, égal à 1000 MÈTRES, la centième partie du DEGRÉ, la Minute du Cercle *Décimal,* que j'appellerai le MILLE DÉCIMAL. Il est même probable que, dans les Opérations ordinaires, les Marins trouveront plus commode de faire tous leurs calculs en KILOMÈTRES ou MILLES DÉCIMAUX, parce que c'est de cette Mesure qu'ils devront faire usage pour estimer le Sillage ou la Vîtesse du Vaisseau [a].

SI l'on calcule en MYRIAMÈTRES ou LIEUES DÉCIMALES; l'Échelle de Latitude, divisée *de 10 en 10 Minutes,* représentera les MYRIAMÈTRES ou LIEUES DÉCIMALES; et, divisée *de Minute en Minute,* elle donnera les KILOMÈTRES ou MILLES DÉCIMAUX.

[a] D'après la nouvelle Mesure de la Méridienne de l'Observatoire de *Paris,* faite par les Membres de l'Académie des Sciences, aujourd'hui Membres de l'Institut national des Sciences et des Arts, et du Bureau des Longitudes, les C.ens *Méchain* et *Delambre :*

		TOISES.
La distance de l'Équateur à un des Pôles, ou le QUART DU MÉRIDIEN TERRESTRE, est de		5 130 740,000 000 000.
Le DEGRÉ SEXAGÉSIMAL, $\frac{1}{90}$ du Quart du Méridien..		57 008,222 222 222 *à l'infini.*
La LIEUE MARINE, $\frac{1}{20}$ du Degré Sexagésimal		2 850,411 111 111 *idem.*
La LIEUE COMMUNE, $\frac{1}{25}$ du Degré Sexagésimal		2 280,328 888 888 *idem.*
Le MILLE MARIN, $\frac{1}{3}$ de la Lieue Marine		950,137 037 037 *idem.*

	MÈTRES.		PIEDS *(exactement).*
Le DEGRÉ DÉCIMAL, $\frac{1}{100}$ du Quart du Méridien	(100 000,000)	51 307,400 000 *ou*	307 844,400 000.
Le MYRIAMÈTRE, $\frac{1}{10}$ du Degré Décim..	(10 000,000)	5 130,740 000 *ou*	30 784,440 000.
Le DEMI-MYRIAMÈTRE, $\frac{1}{20}$ du Deg. Déc.	(5 000,000)	2 565,370 000 *ou*	15 392,220 000.
Le KILOMÈTRE, $\frac{1}{10}$ du Myriam. $\frac{1}{100}$ ou 1 Minute de Degré	(1 000,000)	513,074 000 *ou*	3 078,444 000.
L'HECTOMÈTRE, $\frac{1}{10}$ du Kilomètre	(100,000)	51,307 400 *ou*	307,844 400.
Le DÉCAMÈTRE, $\frac{1}{10}$ de l'Hectom. $\frac{1}{1000}$ ou 1 Seconde de Degré	(10,000)	5,130 740 *ou*	30,784 440.
Le METRE, l'UNITÉ MÉTRIQUE, $\frac{1}{10}$ du Décamètre, ou la dix-millionième partie du Quart du Méridien	(1,000)	0,513 074 *ou*	3,078 444.

LIGNES.

(ou 3 pl. 0 po. 11 lig.,295 936) ou 443,295 936.

		LIGNES.
Le DÉCIMÈTRE, $\frac{1}{10}$ du Mètre	(0,100)	44,329 593 6.
Le CENTIMÈTRE, $\frac{1}{10}$ du Décimètre	(0,010)	4,432 959 36.
Le MILLIMÈTRE, $\frac{1}{10}$ du Centimètre	(0,001)	0,443 295 936.

On conçoit combien sera facile, dans le nouveau Système Métrique, la Conversion des Mesures Itinéraires en Degrés et parties du Degré, et celle du Degré et de ses parties en Mesures Itinéraires.

Si, par exemple, le Chemin estimé d'un jour à un autre a donné vers le Nord 25 Lieues Décimales $\frac{3}{4}$, ou, en expression du Calcul décimal, $25^{\text{Myr.}},75$; on se rappellera que cette Lieue est la 10.me partie du Degré qui est divisé en 100 Minutes, la Minute en 100 Secondes, &c. : on divisera donc par 10 les $25^{\text{Myr.}},75$ (en avançant simplement la virgule d'un chiffre vers la gauche); on aura pour Quotient, $2°,575$, ou $2\frac{575}{1000}$; c'est-à-dire, que le changement en Latitude vers le Nord a été, en vingt-quatre heures, de 2 Degrés 57 Minutes 50 Secondes du Cercle *Décimal*.

De même, si l'on avoit calculé en MILLES DÉCIMAUX, ou .100.mes de Degré, on diviseroit par 100 le nombre des Milles parcourus dans les vingt-quatre heures; et l'on auroit pour Quotient, le nombre de Degrés et de parties du Degré correspondant à celui des Milles : ainsi, si, comme dans l'exemple précédent, le Chemin a donné pour progrès en Latitude, $257^{\text{Kil.}},5$; on divisera ce nombre par 100 (en avançant simplement la virgule de deux chiffres vers la gauche); et l'on aura, comme par le premier calcul, $2°,575$, c'est-à-dire, 2 Degrés 57 Minutes 50 Secondes.

La Conversion inverse, celle des DEGRÉS et parties du DEGRÉ DÉCIMAL en LIEUES DÉCIMALES et en MILLES DÉCIMAUX, ne présente pas plus de difficulté.

Si l'on a, par exemple, à convertir en MYRIAMÈTRES ou LIEUES DÉCIMALES, $2°$ $57'$ $50''$, ou, en expression du calcul Décimal, $2°,575$; on multipliera ce nombre par 10 (en reculant la virgule d'un chiffre vers la droite); et l'on aura pour produit, $25^{\text{Myr.}},75$.

Pour convertir en KILOMÈTRES ou MILLES DÉCIMAUX le même nombre de parties du Cercle Décimal, $2°,575$, on le multipliera par 100 (en reculant simplement la virgule de 2 chiffres vers la droite); et l'on aura $257^{\text{Kil.}},5$.

On voit que, dans tous ces calculs, on peut, on doit même se dispenser d'exprimer ni *Minutes* ni *Secondes*, et qu'il suffit de faire mention du nombre de *Degrés* et de la fraction décimale qui en est séparée par la Virgule, puisque les 2 premiers chiffres des Décimales sont les dixaines et unités de Minutes, les 2 suivans, les dixaines et unités de Secondes, &c.

Le Marin qui saura les premiers Élémens du Calcul Décimal qu'il a dû apprendre dans les Écoles d'Hydrographie, n'éprouvera donc aucune difficulté à substituer, dans toutes ses Opérations, le MYRIAMÈTRE ou la LIEUE DÉCIMALE, et le KILOMÈTRE ou le MILLE DÉCIMAL, à ses anciennes Mesures Itinéraires, et à faire la Conversion des nouvelles Mesures en parties du nouveau Cercle, et celle des parties de ce Cercle en Mesures de longueur ; il pourra donc faire usage de la nouvelle Lieue et du nouveau Mille Marins aussitôt qu'il aura des Tables usuelles calculées pour le CERCLE DÉCIMAL, et des Cartes dont les Parallèles et les Méridiens seront divisés en 400 Degrés, les Degrés subdivisés en 100 Minutes, &c.

Emploi de la DEMI - LIEUE DÉCIMALE pour les Distances estimées à vue.

MAIS il peut y avoir, pour l'ancien Marin, un embarras dans l'estimation faite à la vue simple, des distances auxquelles il voit les Terres. Nous ne devons pas oublier que nous n'avons pas à former un Corps de Navigateurs dont l'instruction seroit à commencer ; mais que nous avons à faire passer un Corps déjà formé, d'un Système Métrique auquel il est habitué par une longue pratique, acquise laborieusement, à un Système absolument nouveau pour lui, et avec lequel il est d'autant plus difficile de se familiariser, que l'on a fait un plus grand usage de l'ancien : l'amour - propre ou la paresse pourront même ajouter dans quelques-uns une force de plus à la force puissante de l'habitude. Quoi qu'il en soit, et en faisant abstraction de toutes les difficultés morales, qu'il ne faut cependant pas perdre totalement de vue, ne nous arrêtons qu'aux considérations d'un autre ordre, et occupons-nous de sauver les dangers du passage. Obligés, lorsque le Vaisseau est à vue de

terre,

terre, d'estimer sans cesse les Distances à la vue simple, les anciens Navigateurs ont formé leur coup-d'œil sur la longueur de la LIEUE MARINE; et ils se trouveroient hors de mesure et hors de compte, s'il y avoit une différence trop grande entre la Mesure nouvelle et la Mesure ancienne. On ne peut pas douter que, pour éviter des erreurs d'Estime, toujours très-dangereuses, parce que la nuit succède au jour, et que le Vaisseau ne s'arrête pas la nuit, ils ne continuent de faire l'ESTIME DES DISTANCES À VUE en anciennes Mesures; et il convient de leur offrir un moyen de les convertir promptement, et de tête, en quelqu'une des Mesures du nouveau Système Métrique.

Convertir les LIEUES MARINES ANCIENNES, par un calcul direct, en MYRIAMÈTRES ou LIEUES DÉCIMALES, et en KILO-MÈTRES ou MILLES DÉCIMAUX, seroit une opération trop compliquée, qui exigeroit d'être faite à la plume; car l'ancienne Lieue marine égale $0^{Myr.},55555$ à l'infini, ou $5^{Kil.},55555$ à l'infini. On trouvera plus de facilité à les convertir d'abord en DEMI-MYRIAMÈTRES ou DEMI-LIEUES DÉCIMALES : en effet, la Demi-lieue Décimale répond à 2565 Toises 37 centièmes, et la LIEUE MARINE ANCIENNE, qui est de 2850 Toises 41 centièmes [a]; n'en diffère que de 285 Toises 4 centièmes, c'est-à-dire, de $\frac{1}{9}$; dont la Lieue Marine entière est plus grande que la Demi-lieue Décimale [b] : mais il suffira, dans la pratique, d'*ajouter un Dixième* au nombre des LIEUES MARINES, pour avoir celui des DEMI-LIEUES DÉCIMALES; de *prendre la moitié* de ce dernier pour avoir le nombre des MYRIAMÈTRES ou LIEUES DÉCIMALES entières, et de *multiplier* celui-ci *par 10*, si l'on veut que les LIEUES MA-RINES soient converties en KILOMÈTRES ou MILLES DÉCIMAUX.

---

[a] Plus exactement, $2850^{T},4111111$ à l'infini (ci-devant P. 94, Note [a]).

[b] Le *Demi-myriamètre* ou la *Demi-lieue Décimale* tient exactement le milieu entre la *Lieue marine* de 20 au Degré *Sexagésimal*, et la *Lieue commune* de 25 au même Degré : cette Mesure est la 20.me partie du Degré *Décimal*, comme la Lieue marine est la 20.me du Degré *Sexagésimal*.

. N

Ces Opérations, de prendre le 10.me d'un nombre, de l'ajouter à ce nombre, de prendre la moitié de la somme, et de la multiplier par 10, se font très-aisément de tête, lorsqu'on n'opère que sur des quantités aussi petites que peuvent l'être celles que donnent en Lieues marines les Distances estimées à vue.

Si, par exemple, on a estimé une Distance de 25 Lieues Marines; en y ajoutant le 10.me, qui est $2\frac{1}{2}$ ou 2,5, on aura $27\frac{1}{2}$ ou 27,5 pour le nombre des Demi-myriamètres ou Demi-lieues Décimales, dont la moitié, $13\frac{3}{4}$ ou 13,75, est celui des Myriamètres ou Lieues Décimales entières : et, si l'on multiplioit 13,75 par 10, on auroit 137,5, c'est-à-dire 137 Kilomètres 5 dixièmes, ou 137 Milles Décimaux 5 dixièmes.

Le résultat de ces calculs est suffisamment exact dans l'usage ordinaire ; mais, pour obtenir une plus grande exactitude, en convertissant les Lieues Marines en Lieues Décimales ou Myriamètres, il faudroit ajouter $\frac{1}{9}$ au nombre des Lieues Marines, ou, en Style Décimal, $\frac{1}{10}$, plus $\frac{1}{100}$, plus $\frac{1}{1000}$, plus $\frac{1}{10000}$, &c., à l'infini, ce qui rendroit peut-être l'opération trop difficile à faire de tête. Mais l'erreur qui résulte, pour avoir négligé $\frac{1}{100}$, $\frac{1}{1000}$, &c., n'est d'aucune conséquence dans l'Estime des Distances à vue, qui ne peut jamais donner qu'un *à-peu-près*. Dans l'exemple que nous avons choisi, d'une Distance estimée de 25 Lieues Marines, et pour laquelle le calcul d'Approximation nous a donné 13$^{Myr.}$,75, nous eussions eu par le calcul rigoureux 13$^{Myr.}$,888888 à l'infini. Ainsi l'erreur de l'Approximation est de 1$^{Kil.}$,388888 à l'infini, où d'environ 713 Toises. Mais j'observe qu'une Distance de 25 Lieues Marines estimée à vue laisse au moins une incertitude de 1 Lieue ou 2850 Toises, et que l'incertitude va souvent beaucoup plus loin, suivant l'état de l'Atmosphère et l'élévation des Terres. L'erreur, toujours *en moins*, ne sera que de 570 Toises sur 20 Lieues Marines; de 427 sur 15; de 285 sur 10; de 143 sur 5; et de 29 Toises seulement sur une Lieue.

Lorsqu'on voudra avoir, pour le porter sur le Journal, un Résultat plus approchant de l'exactitude, et aussi approché qu'on se le proposera; on pourra faire usage des Rapports qui se trouvent à la Page 121, ou seulement de la TABLE XXIII, pour *convertir les Lieues Marines* en *Demi-myriamètres* ou *Demi-lieues Décimales*, et de la TABLE XVII, pour *convertir*, par une seule Opération, *les Lieues Marines en Myriamètres* ou *Lieues Décimales :* on sait d'ailleurs qu'en multipliant le nombre de ceux-ci par 10, on a celui des KILOMÈTRES ou MILLES DÉCIMAUX, si, comme il est probable, on emploie de préférence, dans les Calculs nautiques, cette dernière Mesure qui correspond à la Minute de Latitude Décimale.

LES PETITES Distances des Terres à vue étoient estimées en MILLES MARINS de 950^{Toises},137, &c. [a]; et il faut indiquer aux anciens Navigateurs un moyen de les convertir par approximation, et de tête, en KILOMÈTRES ou MILLES DÉCIMAUX de 513^T,074 [b]. On voit que le DEMI-MILLE MARIN, 475^T,0685, ne diffère du MILLE DÉCIMAL, que de 38 Toises 55 dix-millièmes, *en moins ;* on peut donc, dans la pratique de la Navigation, lorsqu'il s'agira de petites Distances estimées à vue en Milles Marins, *compter 2 Kilomètres* ou *Milles Décimaux, moins un dixième, pour 1 Mille Marin.* Cette Approximation, l'opération du moment, n'a jamais lieu que pour de très-petites Distances, et peut être employée sans inconvénient, jusqu'à ce que les anciens Navigateurs ayent contracté l'habitude de faire l'Estime de ces Distances en KILOMÈTRES ou MILLES DÉCIMAUX. Cependant, pour porter sur le Journal la Distance convertie en nouvelles Mesures, ils doivent faire usage de la TABLE XVIII, dans laquelle on voit que 1 Mille Marin est égal à 0 Myriamètre 1 Kilomètre 852 millièmes, ou 2 Kilomètres moins $\frac{148}{1000}$. [c]

---

[a] Ci-devant Page 94, Note [a].

[b] *Ibid.*

[c] La TABLE XVIII qui donne la valeur des *Milles marins* en *Myriamètres,* ou *Lieues Décimales,* la donne également en *Kilomètres* ou *Milles Décimaux :* car on y lit, par exemple, que 1 Mille = 0$^{Myr.}$,1852 ; c'est-à-dire , Zéro

ILS peuvent également, dans les premiers temps, employer sans danger l'Approximation indiquée, lorsqu'ils veulent estimer la Vîtesse du Vaisseau sans jeter le Loc : car on sait que les Marins dont le coup-d'œil est formé par une longue pratique, se contentent assez souvent de juger de cette vîtesse par celle de l'eau qui paroît couler le long du bord. Lorsqu'ils estimeront, par exemple, que le Sillage est de 6 Nœuds, ou 6 MILLES MARINS à l'Heure (la 24.ᵉ partie de la Révolution diurne), ils concluront, par approximation, qu'il est de 12 KILOMÈTRES ou 12 MILLES DÉCIMAUX[1] : mais, pour tenir compte à-peu-près des 38 Toises dont le DEMI-MILLE MARIN est plus court que le KILOMÈTRE ou MILLE DÉCIMAL, ils retrancheront du nombre des Kilomètres qu'aura donné le doublement des Demi-milles Marins, $\frac{3}{10}$ ou un tiers de Kilomètre sur 4 ; $\frac{5}{10}$ ou la demie sur 6 ; $\frac{6}{10}$ ou les deux tiers sur 8 ; $\frac{7}{10}$ ou les trois quarts sur 10 ; $\frac{9}{10}$ sur 12 ; 1 sur 14 ; 1 $\frac{3}{10}$ ou 1 un tiers sur 18, &c. ; et s'ils veulent obtenir un Résultat plus exact, et tel qu'il doit être employé dans leur Calcul de la *Réduction des Routes*, ils recourront à la TABLE XVIII.

Les Navigateurs sentiront, sans doute, que toutes ces Approximations ne peuvent être tolérées que dans les premiers momens du passage de l'ancien Système au nouveau, et qu'ils doivent s'occuper de bonne foi, et assidument, à former leur coup-d'œil

---

Myriamètre 1 Kilomètre 8 Hectomètres 5 Décamètres 2 Mètres, ou 1 Kilomètre $\frac{852}{1000}$: de même, 15 Milles Marins $= 2^{\text{Myr.}},7778$, c'est-à-dire, 2 Myriamètres 7 Kilomètres 7 Hectomètres 7 Décamètres 8 Mètres, ou, en autre expression, 27 Kilomètres $\frac{778}{1000}$, puisque 1 Myriamètre, ou 1 Lieue Décimale, est égal à 10 Kilomètres ou Milles Décimaux.

[1] Les Navigateurs auroient à faire un calcul plus compliqué, s'ils employoient une Horloge ou Montre décimale qui divise la Révolution diurne en 10 Heures ; mais il est probable qu'avant qu'ils puissent en posséder, ils auront eu le temps de former leur coup-d'œil sur les nouvelles Mesures Itinéraires, et qu'ils seront habitués à faire leur *Estime* directement en *Myriamètres* ou *Lieues Décimales*, et en *Kilomètres* ou *Milles Décimaux*, sans être obligés d'employer l'intermédiaire de la *Lieue Marine* et du *Mille Marin*.

et leurs combinaisons sur les nouvelles Mesures. Mais c'est principalement par les jeunes Marins sortant des Écoles, que le nouveau Système Métrique pourra s'établir à la Mer dans son intégrité; ils n'auront point à vaincre de vieilles habitudes, à combattre des préjugés; ils n'auront point à oublier; et la nouvelle forme de Calcul se présentant à eux avec tous ses avantages, quand ils la compareront avec l'ancienne, ils seront empressés de lui faire des prosélytes; ils les exciteront par leur exemple à l'adopter exclusivement, aussitôt que les moyens d'employer le nouveau Système auront été mis à la disposition des Navigateurs.

LES NOUVELLES Mesures Itinéraires, et la Division du Jour Astronomique en 10 Heures, nécessitent le changement de la Division de la LIGNE DE LOC dont se servent les Navigateurs pour mesurer le Sillage ou la Vîtesse du Vaisseau.

Changemens à faire, à la Division de la LIGNE DE LOC, et à la durée de l'HORLOGE DE SABLE, pour les mettre en rapport avec la nouvelle Mesure Itinéraire.

LA LIGNE DE LOC, dans le Système Métrique ancien, est divisée, comme je l'ai dit, en intervalles de 47 pieds $\frac{1}{2}$ chacun, longueur de la 120.me partie d'un MILLE MARIN qui, d'après les anciennes Mesures Géodésiques, étoit supposé contenir 950 Toises 45 centièmes; et ces intervalles sont appelés NŒUDS, parce que chaque Division est indiquée par un petit bout de ficelle engagé dans la LIGNE, lequel porte autant de Nœuds qu'il a été filé d'intervalles d'un 120.me de Mille : on observe combien le Vaisseau parcourt de ces intervalles pendant la durée d'une demi-Minute, ou 30 Secondes, la 120.me partie d'une Heure (de 24 par Révolution diurne); et l'on conclut, d'après le Rapport égal du NŒUD au MILLE MARIN, et de la DEMI-MINUTE à l'HEURE, que le Vaisseau parcourt, pendant la durée de l'HEURE entière, autant de MILLES qu'il a passé de NŒUDS de la LIGNE DE LOC pendant la durée de la DEMI-MINUTE.

Le Calcul va changer sous le Rapport du Temps, comme sous celui de l'Espace : car l'Heure sera la 10.me partie du Jour Astronomique, au lieu d'en être la 24.me partie; et l'Espace parcouru doit être mesuré en *Multiples du Mètre*, au lieu de l'être en *Milles Marins*.

On a proposé [a] que l'Horloge de sable [ou l'AMPOULETTE suivant l'expression des Marins] qui servira pour mesurer la durée de l'Observation, soit de 40 Secondes de *Temps Décimal*, et que la LIGNE DE LOC soit divisée en intervalles ou NŒUDS de 1 DÉCAMÈTRE (ou 10 MÈTRES) : il en résulteroit que le Sillage de 1 NŒUD en 40 SECONDES répondroit à une Vîtesse de 2500 MÈTRES, ou 2 KILOMÈTRES $\frac{1}{2}$, ou 2 MILLES DÉCIMAUX $\frac{1}{2}$, en 1 Heure *Décimale*.

Mais il paroît plus convenable et plus commode pour le Calcul, que 1 NŒUD représente 1 KILOMÈTRE ou MILLE DÉCIMAL.

L'Heure du Temps Décimal est divisée en 100 Minutes, et la Minute en 100 Secondes ; ainsi l'Heure est subdivisée en 10000 Secondes.

QUE l'AMPOULETTE soit de 50 de ces Secondes, ou la 200.me partie de l'Heure; et, puisque nous voulons que les Divisions ou NŒUDS de la LIGNE DE LOC représentent des KILO-MÈTRES, ou MILLES DÉCIMAUX, faisons l'intervalle d'un NŒUD à l'autre égal à la 200.me partie d'un KILOMÈTRE, c'est-à-dire, à 5 MÈTRES.

Ces 5 Mètres répondent à 15^{pieds},39222 (ou 15$^{pi.}$4$^{po.}$8$^{lig.}$,47968); et les 50 Secondes Décimales, à 43 Secondes 2 dixièmes du Jour divisé en 24 Heures.

La durée de l'Observation pourra paroître un peu longue ; et peut-être le seroit-elle trop lorsque le Sillage du Vaisseau est très-rapide; mais, dans le cas d'une grande Vîtesse, on fera usage d'une AMPOULETTE de 25 Secondes ou un quart de Minute *Décimale*, au lieu de celle de 50 Secondes ou une demi-Minute : et alors chaque NŒUD, ou Division de la LIGNE DE LOC, représentera 2 KILOMÈTRES ou MILLES DÉCIMAUX.

[a] *Annuaire de la République française, pour l'An VII*, Page 49.

On conçoit que cette nouvelle Division de la LIGNE DE LOC, et, conséquemment, la nouvelle Mesure du TEMPS, ne peuvent s'établir dans la pratique de la Navigation, que lorsque la Carte hydrographique sur laquelle doit être rapporté le résultat de l'Opération qui sert à connoître la Vîtesse du Navire aux différentes époques du jour, sera construite sur des Mesures Itinéraires *Décimales* et correspondantes à celles qui seront employées dans la nouvelle Division du LOC. Il est probable que les nouvelles MESURES ITINÉRAIRES pourront s'établir à la Mer beaucoup plutôt que la nouvelle MESURE DU TEMPS, parce qu'il sera plus facile de multiplier les Cartes hydrographiques et les Instructions nautiques, assujetties au nouveau Système Métrique, que de multiplier les Machines propres à mesurer le Temps *Décimal :* mais, sans attendre que les Montres *Décimales* ayent pu devenir assez communes pour qu'il soit possible d'en pourvoir les Navigateurs, la nouvelle Division de la LIGNE DE LOC pourra être employée aussitôt qu'aura pu s'effectuer la réforme de notre Hydrographie, et celle des Instructions et des Routiers qui servent de guides pour les divers Parages et les différentes Côtes où les Vaisseaux doivent se porter. On divisera alors la LIGNE DE LOC en intervalles de 5 MÈTRES, pour représenter un KILOMÈTRE ou MILLE DÉCIMAL de Vîtesse en 1 Heure *Décimale ;* mais, pour régler la durée de l'Observation, on substituera à l'ancienne AMPOULETTE qui étoit de 30 Secondes *Sexagésimales* de Temps, une autre AMPOULETTE qui sera de 43 Secondes 2 dixièmes, aussi *Sexagésimales,* lesquelles répondent à 50 Secondes *Décimales* [a], durée correspondante à une partie de la LIGNE DE LOC divisée de 5 en 5 MÈTRES : et si, dans le cas d'un Sillage très-rapide, on veut compter chaque NŒUD de la LIGNE pour 2 KILOMÈTRES ou MILLES DÉCIMAUX, on fera usage d'une AMPOULETTE dont la durée sera de 21 Secondes 6 dixièmes *Sexagésimales* qui répondent à 25 Secondes *Décimales.*

[a] Voyez la TABLE V.

J'observe que les Navigateurs éprouveront quelque embarras pour le calcul des Longitudes dans le nouveau *Système Métrique*, tant qu'ils ne seront pas pourvus de Montres *Décimales;* car on sait que la Conversion du Temps en Degrés, et des Degrés en Temps, est une opération qui se répète fréquemment dans ce calcul : et, comme ils compteront 400 Degrés au Cercle, tandis qu'ils continueront de diviser le Jour en 24 Heures, ils pourront recourir à des TABLES, pour convertir le Temps *Sexagésimal* en Degrés *Décimaux,* et les Degrés *Décimaux* en Temps *Sexagésimal* [a], ou faire ces Conversions par un Calcul direct.

Nouvelle longueur de l'ENCÂBLURE.

LES MARINS font aussi usage d'une Mesure qui leur est particulière pour estimer à vue les petites Distances, telles que l'ouverture d'un Port, la largeur d'un Passage étroit, &c. ; cette Mesure est l'ENCÂBLURE, ou longueur d'un Câble, laquelle est fixée dans la Marine à 120 Brasses de 5 Pieds, ou 100 Toises de 6 Pieds. La TOISE répondant à $1^{Mètre}$,949 036 309 820, &c. [b], l'ENCÂBLURE est égale à $194^{Mét.}$,903 630 982, &c. [c], que l'on peut compter dans ce calcul pour 195 MÈTRES en nombre rond : je ne vois aucun inconvénient à donner au Câble, et conséquemment à l'ENCÂBLURE, 2 HECTOMÈTRES, c'est-à-dire, 200 Mètres de longueur : elle excédera l'ancienne d'environ 15 Pieds $\frac{2}{3}$ ou un peu plus de 3 Brasses ; et je ne pense pas que la longueur de nos Corderies ait été tellement limitée à la longueur nécessaire à la fabrication de l'ancien Câble, que l'on ne puisse y en fabriquer un qui auroit 3 Brasses de plus après le commettage ; ce qui suppose seulement que les Corderies ont environ 20 Pieds de longueur de plus que ce qu'exigeoit l'absolu nécessaire de la fabrication des Câbles à 120 Brasses.

Nouvelle Division de la LIGNE DE SONDE.

INDÉPENDAMMENT du changement que doivent subir, sur les

[a] Voyez les TABLES VI et VII.   [b] Ci-après, Page 119.   [c] *Ibid.*

Cartes

Cartes hydrographiques, la Division des Méridiens, des Parallèles, et du Cercle de l'Horizon, et, sur les Plans, celle des Échelles servant à mesurer les Distances, il faut aussi que les Plans et les Cartes subissent un changement dans l'expression du BRASSIAGE, c'est-à-dire, dans l'expression des Nombres qui sont écrits sur les places qu'occupe la Mer, et où ils indiquent les différentes Profondeurs. Les Français mesurent la profondeur de l'eau, ou hauteur du Fond, avec une LIGNE DE SONDE divisée en BRASSES de 5 Pieds[a] : cette Division, qui répond à 1^{Mètre},62419, &c.[b], ne peut être conservée dans le nouveau Système Métrique.

On a proposé de fixer la Division de la Ligne de Sonde à 2 *Mètres :* cette Mesure, qui répondroit à 6 pieds 1 pouce 10 lignes 59 centièmes, différeroit de 1 pied 1 pouce 10 lignes 59 centièmes, *en plus,* de l'ancienne Mesure de 5 pieds, c'est-à-dire, que la nouvelle seroit à l'ancienne, à-peu-près dans le Rapport de 5 à 4. Elle seroit plus grande que les différentes Mesures de toutes les Nations maritimes; et nous perdrions un avantage qui n'est pas à négliger, et que nous donnoit notre Brassiage exprimé en une Mesure plus petite que celles qu'emploient les Navigateurs de tous les autres Pays. De ce que notre Mesure étoit moins longue que les leurs, il résultoit que, si nous faisions usage d'une Carte ou d'un Plan étrangers, sur lesquels on ne trouve pas toujours indiqué en quelle Mesure les profondeurs de l'eau sont exprimées, ou qui souvent sont des Copies d'autres Cartes dont on ignore également le Brassiage, nous pouvions nous en servir avec sécurité, en prenant pour des BRASSES de 5 pieds de FRANCE, les Nombres écrits sur la Carte ou le Plan étrangers; parce que nous avions la certitude que, quelque Mesure que dussent indiquer les Chiffres de Sonde écrits sur la Carte,

[a] Le nom de *Brasse* vient originairement de ce que les Patrons de Barques, les Pêcheurs, qui n'y regardent pas de si près, prennent pour Division de la *Ligne de Sonde,* la Longueur des deux bras étendus.

[b] Voyez, ci-après, Page 141, les TABLES XIII et XV.

.O

nous trouverions toujours plus d'eau sous la Quille, que nous ne devions en compter d'après l'indication de ces Chiffres : car, sous ce rapport, notre Brassiage nous faisoit gagner environ Trois centièmes sur la *Braza* ou la double *Varra* des Espagnols ; un Huitième, sur le *Fathom* des Anglais ; un Sixième, sur le *Vadem* ou *Vaâm* des Hollandais ; un Dixième, sur le *Famnar* des Suédois ; un Sixième, sur le *Faun* des Danois ; un Tiers, sur la *Sagène* des Russes [a] ; dix-neuf Centièmes, sur le *Puu* ou Toise des Chinois de 6 *Chès* ou Pieds ; parce que le *Puu*, la *Sagène*, le *Faun*, le *Famnar*, le *Vaâm*, le *Fathom* et la *Braza*, sont égaux à 6 Pieds de chacun des Pays correspondans, et que la longueur totale de ces 6 Pieds excède par-tout celle de 5 Pieds de FRANCE, dans les proportions que je viens de rapporter.

Nous pouvons nous conserver ce même avantage dans le Système Métrique Décimal, si nous divisons la Ligne de Sonde *de Mètre en Mètre :* et, comme la Mesure de la profondeur de l'eau n'exige pas une exactitude rigoureuse, et que même l'opération de sonder n'en est pas susceptible, il suffira, quand on fera usage d'une Carte ou d'un Plan étrangers, en supposant, comme on le faisoit, que les Chiffres de Sonde expriment des BRASSES FRAN-ÇAISES, de *compter une moitié en sus du nombre de Brasses* indiqué sur la Carte, et d'*ajouter à la Somme une unité pour chaque Dixaine de Brasses :* on aura le nombre de MÈTRES correspondant à celui des BRASSES.

Ainsi, par exemple, si, sur une Carte étrangère, on voit le nombre 25 ; on y ajoutera d'abord la moitié, 12 $\frac{1}{2}$ ou 12,5, et l'on aura 37 $\frac{1}{2}$ ou 37,5 ; ajoutant ensuite 2 à cette Somme, pour les deux Dixaines du nombre 25, on aura 39 MÈTRES $\frac{1}{2}$ ou 39,5, pour le nombre de Mètres correspondant, *à-peu-près,* aux 25 BRASSES de la Carte : je dis à-peu-près ; car, en quelque Mesure étrangère que le Brassiage de la Carte ait été exprimé, le

---

[a] *Sazen*, *Sascheu* ou *Saschine*, que nous appelons *Sagène*.

résultat de l'opération donnera toujours *quelque chose de moins* que ne donneroit le Calcul rigoureux ; et c'est ce qui nous conservera l'avantage que nous procuroit notre ancien Brassiage à l'égard du Brassiage étranger. Il y aura en réalité, dans l'exemple précédent, plus de Profondeur d'eau que $39^{\text{Mètres}},5$ ($1\frac{1}{10}$ de plus [a]) ; mais on sait qu'il n'y a jamais d'inconvénient à trouver un peu plus d'eau que l'on n'en supposoit, et qu'il peut y avoir beaucoup de danger, dans de certains cas, à en trouver moins. Du reste, la différence sera moindre à mesure que le BRASSIAGE (que désormais nous devons appeler le MÉTRAGE) sera plus petit : elle ne sera pas de $\frac{5}{10}$ de MÈTRE, ou moins de 18 pouces, sur 20 BRASSES ; de $\frac{2}{10}$ sur 10 ; et de $\frac{1}{10}$, ou moins de 4 pouces, sur 5 BRASSES.

Ce calcul d'approximation pourroit ne pas suffire aux Hydrographes, sur-tout pour les grandes Profondeurs, lorsque, dans la refonte générale de notre Hydrographie, il s'agira de rapporter en MÈTRES, sur les nouvelles Cartes, les profondeurs de l'eau exprimées en BRASSES sur les anciennes Cartes françaises.

La BRASSE est au MÈTRE, comme 5 pieds à 3,078444, que l'on peut réduire, dans l'usage, à 3 pieds $\frac{8}{100}$.

Ainsi, pour *convertir nos Brasses en Mètres*, il faudra *multiplier par 5 le nombre des Brasses*, et *diviser le produit par 3,08* [b] :

Et, pour *convertir les Mètres en Brasses*, il faudra *multiplier par 3,08 le nombre des Mètres*, et *diviser le produit par 5.*

Mais, pour dispenser les Hydrographes de faire ce calcul qui, sans être rigoureusement exact, ne laisseroit cependant pas d'être fatigant par sa monotonie, quand il est nécessaire de répéter l'opération sur des milliers de Sondes, j'ai dressé la TABLE XIII qui donne la *valeur exacte des Brasses françaises en Mètres*, depuis 1 jusqu'à 200, et qu'il est facile, à la simple vue, d'étendre à des nombres beaucoup plus élevés.

[a] Voyez, ci-après Page 141, la TABLE XIII.

[b] Si l'on veut rapporter sur nos nouvelles Cartes, des *Sondes* tirées de Cartes étrangères ; on commencera par réduire les *Brasses étrangères* en *Brasses françaises*, et l'on opérera sur celles-ci comme il vient d'être dit.

Quant à la *Conversion des Mètres en Brasses;* les Navigateurs français ne se trouveront guère dans le cas d'avoir besoin de faire cette opération : j'ai cependant dressé, en faveur des Étrangers qui voudront employer nos nouvelles Cartes ou en faire des copies à leur usage, la TABLE XV, qui présente la *valeur des Mètres en Brasses,* depuis 1 jusqu'à 350.

COMME la réduction des BRASSES en MÈTRES donne toujours une *Fraction* à la suite des *Entiers,* et que cette Fraction, en la bornant cependant aux Dixièmes, ne doit pas toujours être négligée ; je conseillerois à l'Hydrographe, quand il écrit les SONDES sur la Carte, de séparer les Entiers, de la Fraction, par un *Point,* plutôt que par la *Virgule* qu'il est d'usage d'employer dans le Calcul décimal ; les Points feront moins de confusion dans l'écriture des Sondes que les Virgules n'en pourroient faire : ainsi, l'on écrira 25.7, 27.9, plutôt que 25,7 et 27,9 ; et l'on aura soin de resserrer, dans le moindre espace qu'il sera possible, les chiffres qui composent un nombre, afin de jeter du blanc dans les Fonds, et d'empêcher que le dernier chiffre d'une Sonde ne paroisse appartenir à la Sonde suivante.

LES CARTES hydrographiques portent aussi un Brassiage exprimé en PIEDS, dans les endroits où l'eau a peu de profondeur. La Mesure du PIED ne peut être remplacée que par le DÉCIMÈTRE ou DIXIÈME DU MÈTRE, puisque nous avons substitué le MÈTRE à la BRASSE, et que l'Étambot et l'Étrave du Vaisseau, sur lesquels se lit son *Tirant-d'eau,* et qui étoient divisés en PIEDS, demi-Pied et quart de Pied, seront désormais divisés en MÈTRES et subdivisés en DÉCIMÈTRES.

Le DÉCIMÈTRE est égal à 44^{Lignes},3296 (Page 94, Note *) et le Pied contient 144 de ces mêmes parties : en divisant le dernier nombre par le premier, on trouve que le PIED représente 3 DÉCIMÈTRES $\frac{1}{4}$, ou plus exactement $3^{Décim.}$,24839, &c.

Ainsi, lorsqu'on voudra convertir en DÉCIMÈTRES le nombre de PIEDS qui indique sur les Cartes françaises les Profondeurs de l'eau, on multipliera ce nombre par 3, et l'on ajoutera au Produit le quart du Multiplicande [a]. Cette opération se peut faire aisément de tête ; on n'a jamais à opérer que sur un nombre qui n'excède pas 30, parce que, au-delà de 30 PIEDS, et même le plus souvent en-deçà, il est d'usage d'exprimer les Profondeurs de l'eau en BRASSES : si donc on lit sur la Carte 30 PIEDS ; en multipliant ce nombre par 3, on aura 90 ; et, ajoutant à ce Produit, 7 $\frac{1}{2}$, quart du Multiplicande (ou au Produit sa 12.me partie), on aura 97 DÉCIMÈTRES $\frac{1}{2}$ ou 97^{Décim.},5 : de même, si le nombre donné étoit 25, on auroit 75, plus 6 $\frac{1}{4}$, ou 81,25, &c. La TABLE XIV qui présente la *Conversion des Pieds en Décimètres*, servira quand on voudra rapporter plus exactement sur une Carte établie en nouvelles Mesures, les Profondeurs de l'eau exprimées en PIEDS sur une ancienne Carte française.

La *Conversion des Décimètres en Pieds* est moins facile à faire de tête, parce qu'il faut diviser le nombre des premiers par 3 $\frac{1}{4}$ ou 3,25 (ou prendre le $\frac{1}{3}$ et en retrancher le 13.me), pour avoir les seconds : mais les Navigateurs français feront rarement cette réduction ; et les Étrangers qui voudront s'en épargner le calcul, feront usage de la TABLE XVI. On peut, dans la pratique, supposer que 10 DÉCIMÈTRES (ou 1 MÈTRE) égalent 3 PIEDS de FRANCE.

Il pourra paroître préférable pour les nouvelles Cartes, de ne jamais employer dans l'expression des Profondeurs de l'eau, d'autre Mesure que le MÈTRE, puisque, au-dessous de trois PIEDS, il est à-peu-près inutile d'indiquer ces Profondeurs.

JE terminerai cet Article par une Observation des plus importantes.

En dressant des Cartes hydrographiques où l'on emploîra nos nouvelles Mesures, on ne doit jamais omettre d'écrire, dans l'endroit de la feuille le plus apparent, que les CHIFFRES DE

---

[a] Il est entendu que, comme on l'a déjà observé pour les Brasses à la P. 107, Note [b], s'il s'agissoit de Sondes en *Pieds* prises sur une Carte étrangère, on commenceroit par convertir les Pieds étrangers en Pieds de *France*.

SONDE y expriment des *MÈTRES, plus courts que les Brasses fran-çaises, d'environ deux cinquièmes, ou que CINQ MÈTRES représentent environ TROIS BRASSES :* comme aussi, dans le cas où les Profondeurs de l'eau seroient exprimées en DÉCIMÈTRES ou DIXIÈMES DE MÈTRE, on doit prévenir qu'il faut *compter un peu plus de trois de ces Mesures pour un Pied,* ou que *DIX DÉCIMÈTRES ne représentent qu'en-viron TROIS PIEDS.* La sûreté des Navigateurs français et celle des Étrangers qui feront usage de nos nouvelles Cartes, commandent impérieusement cette précaution ; et l'Hydrographe qui se permet-troit de la négliger, deviendroit responsable des malheurs qui pourroient être la suite de cette omission.

Les Cartes Hy-drographiques dressées sur des ÉCHELLES DÉ-CIMALES, doi-vent porter aussi des ÉCHELLES SEXAGÉSIMALES.

D'APRÈS L'EXPOSÉ que je viens de présenter, des changemens qu'exige dans la pratique de la Navigation l'introduction d'un nouveau Système Métrique : changement dans la Division des Méridiens, des Parallèles et du Cercle de l'Horizon ou de la Boussole ; changement dans la Division du Jour astronomique ; changement dans les Mesures Itinéraires, dans la Division de la Ligne de Loc, dans celle de la Ligne de Sonde ; on peut juger que ce nouvel ordre de Mesures et de Calculs à introduire dans toutes les Opérations de l'Hydrographie et dans la pratique de l'Art nautique, a besoin d'être préparé, et ne peut s'établir défi-nitivement et à demeure, que lorsque nous pourrons offrir à la fois à nos Navigateurs, et des Cartes et des Plans, et des Tables, et des Routiers, et des Instructions, dressés d'après le nouveau Système Métrique appliqué à la Navigation, avec la perspective que, quelque jour, ils pourront avoir des Instrumens pour observer les Astres, et des Machines pour mesurer le Temps, divisés suivant la nouvelle Division du Cercle, et la nouvelle Division du Jour astronomique.

Mais, comme tous les Ouvrages relatifs à la Navigation, qui ont été composés, jusqu'à présent, soit pour les Navigateurs fran-çais, ou pour ceux des autres Pays, *Traités de Pilotage, Mémoires,*

Instructions nautiques, Routiers, &c. , ainsi que toutes les *Relations des Voyages de Mer,* deviendroient inutiles pour nos Marins, si, par la suite, ils n'étoient pourvus que des seules Cartes hydrographiques et des seuls Plans particuliers qui auront été construits d'après le nouveau Système Métrique; il sera nécessaire que, indépendamment de nos Cartes nouvelles, ils se pourvoient aussi de Cartes et de Plans dressés d'après l'ancien Système, et sur lesquels ils puissent rapporter les Positions géographiques, les Gisemens, les Distances, le Brassiage, qu'ils trouveront indiqués dans les Ouvrages français ou étrangers de tout genre, dans lesquels les anciennes Mesures se trouvent généralement employées. Il seroit cependant possible, à mon avis, de leur épargner la dépense, considérable pour eux, qu'exigeroit ce double emploi, et tout l'embarras que leur causeroit la multiplicité des Cartes et des Plans. Il suffiroit:

1.º De conserver, comme je le propose, l'ancienne DIVISION DE LA BOUSSOLE en 32 parties qui seroient de 12 Degrés $\frac{1}{2}$ *Décimaux* chacune, au lieu de 11 Degrés $\frac{1}{4}$ *Sexagésimaux;* et l'on a vu que cette disposition ne contrarie en aucune manière le Système métrique Décimal :

2.º D'accoler des ÉCHELLES SEXAGÉSIMALES à nos ÉCHELLES DÉCIMALES de Latitude et de Longitude, comme sont accolées les unes aux autres, sur la plupart des Cartes hydrographiques, plusieurs Échelles de Longitude, dont les Divisions se rapportent aux Méridiens différens que les diverses Nations ont adoptés pour leur premier Méridien. Quant aux Plans de Côtes et de Ports, qui ne portent point d'Échelle de Latitude et de Longitude; on traceroit au-dessous de l'ÉCHELLE DÉCIMALE, divisée en LIEUES DÉCIMALES (Myriamètres), ou en MILLES DÉCIMAUX (Kilomètres), une Échelle de LIEUES MARINES ou de MILLES MARINS; comme on voit sur les Cartes de Géographie, au-dessous de l'Échelle de Lieues en Mesures du Pays où la Carte a été publiée, d'autres Échelles qui présentent les

Lieues et les Milles différens en usage dans les diverses parties de l'Europe.

Admettons ces tempéramens qui n'altèrent ni l'uniformité ni l'intégrité du *Système Métrique Décimal* : et si la jalousie, la rivalité, ou l'insouciance, pouvoient éloigner quelques Nations maritimes d'adopter les nouvelles Mesures dans leurs Ouvrages d'Hydrographie ; ou si, comme on peut le craindre, elles attendoient long-temps pour s'y décider ; du moins les Navigateurs français, dans leurs communications avec ceux des autres Pays, ne seroient pas privés de la faculté de les entendre et d'en être entendus : notre Hydrographie présenteroit, en quelque sorte, la Traduction à côté de l'Original ; elle seroit celle de toutes les Nations ; et c'est, je le pense, le moyen le plus propre à faciliter la connoissance, et peut-être le goût des nouvelles Mesures, aux Navigateurs étrangers qui, pouvant dès-lors acquérir et employer nos Cartes, reconnoîtroient bientôt l'avantage que leur donne le nouveau Système Métrique, et la préférence qu'il doit leur mériter sur toutes les Cartes anciennes [a]. Nous devons nous occuper de lever les difficultés prévues qui peuvent retarder l'adoption du SYSTÈME MÉTRIQUE DÉCIMAL ; car ne nous dissimulons pas que cette innovation éprouvera une grande opposition de la part des Navigateurs des autres Contrées : la facilité qui résulte, en général, pour toute espèce de Calcul, de la substitution d'une Division *Décimale* à la Division *Sexagésimale* du Cercle, si anciennement, si universellement employée, pourroit ne leur paroître pas assez grande pour les déterminer aux mêmes sacrifices que nous nous imposons : et, comme les objections, bonnes ou mauvaises, sont les armes de la paresse ; et que les Marins de tous les Pays sont toujours disposés à en faire usage quand on leur propose des changemens ; peut-être nous objecteroient-ils que la Division Sexagésimale n'a pas empêché

[a] En adaptant à nos Cartes géographiques et hydrographiques, notre nouveau Système Métrique, nous devons le faire de manière à ne pas nuire, s'il se peut, à notre commerce de Géographie.

que

que Christophe Colombo n'ait découvert un nouveau Monde, et que Newton n'ait soumis à ses Calculs le Système de l'Univers. Mais on pourroit dire avec autant de raison, qu'il étoit inutile de substituer des Instrumens plus parfaits dans la théorie, dans l'exécution et dans les résultats, aux Instrumens anciens de Navigation; qu'il étoit inutile que les Sciences et les Arts unissent leurs recherches et leurs travaux pour parvenir à nous donner, après une longue attente, des moyens de déterminer avec sûreté les Longitudes en Mer : car les plus grandes Découvertes maritimes ont été faites avec l'Arbalestrille, la Ligne de Loc et le tâtonnement de l'Estime [a].

Si le nouveau Système Métrique ne peut être introduit dans la Navigation, que lorsque l'établissement en aura été préparé par des travaux préliminaires, et malheureusement indispensables, on ne peut du moins trop se presser de familiariser nos Navigateurs avec les nouvelles Mesures, afin que la connoissance qu'ils en acquerront leur en fasse sentir toute la simplicité, tout l'avantage pour leurs Calculs, en même temps qu'elle les excitera à concourir eux-mêmes à hâter l'instant où ces Mesures pourront être généralement et exclusivement employées.

C'est dans cette vue que j'ai dressé plusieurs Tables dont l'usage doit leur faciliter infiniment toute Conversion qu'ils voudroient faire d'une ancienne Mesure en une nouvelle, et d'une nouvelle en une ancienne.

[a] On ne doit pas douter que les Professeurs d'Hydrographie, chargés dans nos Ports de l'enseignement des jeunes Citoyens qui se destinent à la Mer, ne s'attachent à leur apprendre spécialement le nouveau Système Métrique et l'usage qu'ils doivent en faire dans la pratique de la Navigation; mais, s'ils ne leur enseignoient pas en même temps le Système ancien, ils ne les mettroient pas en état de naviguer avec les anciens Marins; et il seroit fort à craindre que ceux-ci ne fussent pas entendus des jeunes gens sortant de l'École, et que, de leur côté, les nouveaux arrivés n'entendissent pas non plus ceux qui doivent les commander.

Ces Tables serviront à nos Navigateurs, dès à présent, pour étudier les Rapports des Mesures anciennes aux nouvelles, qu'il leur importe de connoître; et, dans la suite, pour être en état de se servir avec moins de difficulté, des anciens Ouvrages de Navigation français et étrangers, ainsi que des Relations des Voyages de Mer : il seroit à craindre que, s'ils étoient obligés de chercher eux-mêmes les Rapports des Mesures, et de calculer d'après ces Rapports, ils ne fussent bientôt dégoûtés de lire, par le travail, la perte de temps, et l'ennui que ne manqueroient pas de leur causer la fréquence et la monotonie des Calculs qu'il leur faudroit répéter, pour ainsi dire, à chaque ligne d'un Ouvrage, et qui, beaucoup trop compliqués pour être suivis de tête, ne peuvent être faits que la plume à la main.

Ces Tables ne leur seront pas moins nécessaires, dans tous les temps, pour leurs communications avec les Nations étrangères. On doit considérer les Marins de tous les Pays comme ne formant qu'une seule et grande famille, séparée, en quelque sorte, du reste du Genre humain, et disséminée sur l'étendue de l'Océan : la communauté des dangers en a fait des frères; et les guerres même auxquelles trop souvent la Politique les oblige de prendre part (car c'est bien assez d'être en guerre continuelle avec les Élémens), ne peuvent éteindre un sentiment qu'ils tiennent, pour ainsi dire, d'une seconde Nature, et qui se fortifie sans cesse par la réciprocité des convenances et des besoins. De tout temps, ils ont eu un Système Métrique qui leur est propre : c'est une espèce de Langue universelle, commune à toutes les Nations maritimes; et, en adoptant pour notre usage, des Mesures particulières et nouvelles, il faut que nos Marins se résolvent à étudier également les Mesures anciennes : car deux Navigateurs de différens pays qui se rencontrent à la Mer, se communiquent réciproquement le Résultat de leurs Observations, pour connoître s'ils sont d'accord sur la Position du point où chacun d'eux suppose que son Vaisseau est parvenu; souvent même, des circonstances de guerre obligent deux Nations d'allier leurs Pavillons pour la défense commune ; dans l'un et dans l'autre cas, il faut pouvoir s'entendre ; car, dans l'un et dans l'autre, les mal-entendus peuvent avoir des suites funestes. A l'aide des TABLES qui accompagnent ce Mémoire, nos Marins pourront traduire en style de nouvelles Mesures, et rapporter sur leurs nouvelles Cartes, les Résultats, les Relèvemens, les Routes, qui leur auront été communiqués en style de Mesures anciennes ; comme ils pourront de même traduire en anciennes Mesures, pour l'usage des Étrangers, les Routes, les Relèvemens, les Résultats, dont ils voudront leur donner communication [a].

JE VAIS faire précéder les TABLES par l'exposition des RAPPORTS sur lesquels elles sont fondées.

RAPPORTS des Mesures Anciennes aux Nouvelles, et des Nouvelles aux Anciennes.

1.° RAPPORT *de la Division du Cercle Sexagésimal à la Division du Cercle Décimal, et réciproquement.* (TABLES I et II.)

La Division du CERCLE SEXAGÉSIMAL est à celle du CERCLE DÉCIMAL, comme 360 est à 400 ; comme 9 est à 10 ; comme 1 est à 1,111111 à l'infini.

La Division du CERCLE DÉCIMAL est à celle du CERCLE SEXAGÉSIMAL, comme 400 est à 360 ; comme 10 est à 9 ; comme 1 est à 0,9. Ainsi :

CERCLE SEXAGÉSIMAL.   CERCLE DÉCIMAL.

1 Degré [ou 60 $^{Min.}$] = ... 1$^{Deg.}$, 1 1 1 1 1 1 1 1 1 1 1 1 *à l'infini.*

1 Minute [ou 60 $^{Sec.}$] = $\frac{1,111\,111\,111..}{60}$ = 0, 18 51 85 18 51 *idem.*

1 Seconde [ou 60 $^{Tierc.}$] = $\frac{0,185\,185\,185..}{60}$ = 0, 00 30 86 41 97 53 08 6 &c.

[a] Jusqu'à ce que le Calendrier de la *France* soit devenu le Calendrier de l'*Europe,* on doit conseiller à nos Navigateurs, pour la sûreté des Dates et l'exacte correspondance des Époques dans leurs communications avec les Marins étrangers, d'associer, dans leurs *Journaux de Route,* l'Ancien Calendrier au Nouveau : ainsi, par exemple, ils doivent porter sur leur Journal : 2 Nivôse An VII (ou 22 Décembre 1798)..... 13 Nivôse An VII (ou 2 Janvier 1799), &c..... Sans cette précaution, il leur seroit souvent difficile de s'entendre sur les Dates avec les Navigateurs des autres Nations qu'ils sont dans le cas de rencontrer à la Mer.

CERCLE DÉCIMAL.	CERCLE SEXAGÉSIMAL.
1 Degré [ou 100 $^{Min.}$] $=$..............	0$^{Deg.}$,54$^{Min.}$
1 Minute [ou 100 $^{Sec.}$] $= \frac{54}{100} =$........ 0.	00,54 $=$ 32$^{Sec.}$,4.
1 Seconde [ou 100 $^{Tierc.}$] $= \frac{0,54}{100} =$........ 0.	00,0054 $=$ 0 ,324.

2.º *RAPPORT des Anciens Rumbs de Vent aux Rumbs Nouveaux.* (TABLE III.)

LA BOUSSOLE, ou le Cercle de l'Horizon, sera divisée, dans le Système Décimal, comme les Parallèles et les Méridiens, en 400 parties ou Degrés : ainsi le quart de la nouvelle Boussole sera de 100 Degrés ; et chaque Rumb de la BOUSSOLE SEXAGÉSIMALE, lequel étoit de 11 Degrés 15 Minutes, ou 11 Degrés $\frac{1}{4}$, répondra, dans la BOUSSOLE DÉCIMALE, à 12 Degrés 50 Minutes, ou 12 Degrés $\frac{1}{2}$.

Les trente-deux Dénominations anciennes seront conservées pour indiquer la ROUTE au Timonnier ; mais, quand on fera le RELÈVEMENT DES TERRES, on donnera la Mesure des Angles, en partant du Nord ou du Sud jusqu'à l'Est ou à l'Ouest, par une progression continue de 1 à 100. Ainsi, par exemple, au lieu de dire N. $\frac{1}{4}$ N. E., on dira, Nord 12 Degrés $\frac{1}{2}$ Est ; au lieu de N. O., Nord 50 Degrés Ouest ; au lieu de S. E. $\frac{1}{4}$ E., Sud 62 Degrés $\frac{1}{2}$ Est ; au lieu de O. $\frac{1}{4}$ S. O., Sud 87 Degrés $\frac{1}{2}$ Ouest, &c.

3.º *RAPPORT des Parties de la Mesure Sexagésimale du Temps aux Parties de la Mesure Décimale,* et réciproquement. (TABLES IV et V.)

Le JOUR ASTRONOMIQUE se divisoit en 24 Heures, l'Heure en 60 Minutes, la Minute en 60 Secondes, &c. : cette Division subira un changement analogue au Système Décimal employé universellement dans la Nouvelle Métrologie :

Le Jour sera divisé en 10 Heures, l'Heure en 100 Minutes, la Minute en 100 Secondes, &c.

TEMPS SEXAGÉSIMAL.   TEMPS DÉCIMAL.

La durée du Jour [ou 24^{Heures}] $= 10^{\text{H.}} = 1000^{\text{Min.}} 00^{\text{Sec.}}$

1 Heure [la $24.^{\text{me}}$ part. du Jour] $= \frac{1000}{24} = 41.$ $66,66\,66\,6\ldots$

1 Minute [la $60.^{\text{me}}$ part. de l'Heure] $= \frac{41,666667}{60} = 0.$ $69,44\,44\,4\ldots$

1 Seconde [la $60.^{\text{me}}$ part. de la Min.] $= \frac{0,694444}{60} = 0.$ $01,1\,5\,74\,07\,4^{o}\ldots$

TEMPS DÉCIMAL.   TEMPS SEXAGÉSIMAL.

La durée du Jour [ou 10^{Heures}] $= 24^{\text{H.}} = 1440^{\text{Min.}} 00^{\text{Sec.}}$

1 Heure [la $10.^{\text{me}}$ part. du Jour] $= \frac{1440}{10} = 144.$ $00.$

1 Minute [la $100.^{\text{me}}$ part. de l'Heure] $= \frac{144}{100} = 1.$ $26,4.$

1 Seconde [la $100.^{\text{me}}$ part. de la Min.] $= \frac{1,44}{100} = 0.$ $00,86\,4.$

NOTA BENÈ. Lorsque le nouveau Système Métrique aura pu s'établir dans la pratique de la Navigation, on trouvera parmi les TABLES usuelles qui seront dressées à cet effet, ainsi que dans le Livre de la *Connoissance des Temps,* la TABLE qui sera nécessaire pour convertir les *Parties Décimales de l'Équateur en Parties du Temps Décimal,* et pour la Conversion inverse : je me borne à indiquer ici les Rapports d'après lesquels le Calcul pourra en être fait.

10 HEURES de TEMPS DÉCIMAL répondent à 400 DEGRÉS DÉCIMAUX. Ainsi :

1 Degré $\left[\frac{10^{\text{H.}}}{400}\right] = 0^{\text{H.}}02^{\text{M.}}50^{\text{S.}}$ *ou* $0^{\text{H.}},02\,50.$

1 Minute $\left[\frac{2^{\text{M.}},50}{100}\right] = 0.\ 00.\ 02,50$ *ou* $0,\ 00\,02\,50.$

1 Seconde $\left[\frac{2^{\text{S.}},50}{100}\right] = 0.\ 00.\ 00,0250$ *ou* $0,\ 00\,00\,02\,50.$

400 DEGRÉS DÉCIMAUX répondent à 10 HEURES de TEMPS DÉCIMAL. Ainsi :

1 Heure $\left[\frac{400^{\text{D.}}}{10}\right] \ldots\ldots\ldots\ldots\ldots\ldots 40^{\text{D.}}00^{\text{M.}}00^{\text{S.}}$

1 Minute $\left[\frac{40^{\text{D.}}}{100}\right] \ldots\ldots\ldots\ldots\ldots 0.\ 40.\ 00.$

1 Seconde $\left[\frac{40.^{\text{M.}}}{100}\right] \ldots\ldots\ldots\ldots\ldots 0.\ 00.\ 40.$

4.° *RAPPORT des Parties du Temps Ancien aux Parties du Cercle Décimal, et des Parties du Cercle Décimal aux Parties du Temps Ancien.* (TABLES VI et VII.)

Comme il est probable que les Navigateurs auront des Cartes hydrographiques dont les Cercles de Longitude seront divisés en 400 Degrés, long-temps avant qu'ils possèdent des Montres qui marquent le Temps Décimal ; ils auront besoin de convertir le TEMPS SEXAGÉSIMAL, ou Ancien Temps, en PARTIES DÉCIMALES DE L'ÉQUATEUR.

24 HEURES SEXAGÉSIMALES égalent 400 DEGRÉS DÉCIMAUX. Ainsi :

TEMPS SEXAGÉSIMAL.	CERCLE DÉCIMAL.
1 Heure $\left[\frac{400^{D.}}{24}\right]$	$= 16^{D.},66\ 66\ 6.....infini.$
1 Minute $\left[\frac{16^{D.},66666,...}{60}\right]$	$= 0,\ 27\ 77\ 7....$
1 Seconde $\left[\frac{0^{D.},27777....}{60}\right]$	$= 0,\ 00\ 46\ 29\ 62\ 96....$

400 DEGRÉS DÉCIMAUX égalent 24 HEURES (ou 1440 Minutes) SEXAGÉSIMALES. Ainsi :

CERCLE DÉCIMAL.	TEMPS SEXAGÉSIMAL.
1 Degré $\left[\frac{0.^{H.}1440^{M.}0^{Sec.}}{400}\right]$ =	$3^{M.},60 \quad ou \quad 0^{H.}03^{M.}36^{S.}$
1 Minute $\left[\frac{3^{M.},60}{100}\right]$ .... =	$0,\ 036 \quad ou\ 0.00.\ 02,16.$
1 Seconde $\left[\frac{0^{M.},036}{100}\right]$ .... =	$0,\ 0036\ ou\ 0.00.\ 00,02\ 16.$

5.° JE TRAITERAI dans un seul Article les *Rapports du Pied, du Pouce, de la Ligne, de la Toise, de la Brasse et de l'Encâblure, au Mètre et à ses Multiples et Diviseurs.*

Le MÈTRE, l'Unité des nouvelles Mesures de Longueur, est égal (comme on l'a vu Page 94, Note [a]) à 3 pieds 11 lignes 296 millièmes, ou $3^{pieds},078\ 444$, ou $443^{lig.},295\ 936$.

Le PIED est divisé en 144 Lignes : ainsi,

Le MÈTRE est au PIED, comme 443, 296 est à 144, ou comme 1 est à 0, 324 839 384 970 764 455 352 16.

Le MÈTRE est au POUCE, la 12.me partie du Pied, comme 1 est à 0, 027 069 948 747 563 704 612 68.

Le MÈTRE est à la LIGNE, la 12.me partie du Pouce, comme 1 est à 0, 002 255 829 062 296 975 384 39.

La TOISE contient 6 Pieds ; son Rapport au MÈTRE est,

Comme 1, 949 036 309 824 58 est à 1.

La Brasse contient 5 Pieds : son Rapport au Mètre est,

Comme 1, 624 196 924 853 822 276 760, &c. est à 1.

L'Encâblure contient 120 Brasses ou 100 Toises : son Rapport au Mètre sera,

Comme 194, 903 630 982 458, &c. est à 1.

Ainsi, en se bornant à 9 Chiffres de Décimales, on a :

MÈTRES.

1 Pied	=	0, 324 839 385 (Table VIII).
1 Pouce	=	0, 027 069 949 (Table IX).
1 Ligne	=	0, 002 255 829 (Table X).
1 Toise	=	1, 949 036 310 (Table XI).
1 Brasse	=	1, 624 196 925 (Table XIII).

$$1 \text{ Encâblure} = \begin{cases} 194, 903\ 630\ 982 \text{ (Table XII)}. \\ ou \\ 1 \text{ Hectomètre } 94 \text{ Mètres } 904 \text{ Millimètres}. \end{cases}$$

Les Rapports employés, dans la Table XIII pour convertir les Brasses en Mètres, dans la Table XIV pour convertir les Pieds en Décimètres, dans la Table XV pour la Conversion des Mètres en Brasses, et dans la Table XVI pour celle des Décimètres en Pieds, ne sont que des conséquences des Rapports précédens.

6.º *Rapports de la Lieue Marine et du Mille Marin à la Lieue Décimale et au Mille Décimal (ou au Myriamètre et au Kilomètre),* et réciproquement. (Tables XVII, XVIII, XIX, XX, XXI et XXII.)

Il résulte des Opérations géodésiques faites dans ces dernières années, que le Degré moyen de la Terre, ou le Degré du Méridien sous le 45.ᵐᵉ Parallèle *Sexagésimal,* c'est-à-dire, pris à distances égales de l'Équateur et de l'un ou de l'autre Pôle, contient 57 008^{Toises},22222 (à l'infini) ; d'où l'on déduit, pour les 90 Degrés qui composent le Quart du Méridien dans la Division de 360 Degrés , 5 130 740 Toises : cette dernière quantité, divisée par 10 millions, donne une longueur de 3 pieds 11 lignes 296 millièmes (ou plus exactement 443$^{\text{Lig.}}$, 295 936), que l'on a choisie pour l'UNITÉ principale des nouvelles Mesures Linéaires, et que l'on appelle MÈTRE.

Le MYRIAMÈTRE contient 10 000 MÈTRES; par conséquent sa longueur répond à 5 130^{Toises},74, ou 5 130 Toises 4 Pieds 5 Pouces 3 Lignes 36 centièmes. Le DEGRÉ DU CERCLE DÉCIMAL est égal à 10 MYRIAMÈTRES.

LA LIEUE MARINE est la 20.me partie du Degré du Méridien *Sexagésimal* sous le 45.me Parallèle : et, comme ce Méridien est divisé en 360 Degrés, la Lieue est la 7200.me partie de la circonférence de ce Cercle.

Dans la nouvelle Division en 400 Degrés, la LIEUE DÉCIMALE ou le MYRIAMÈTRE est la 10.me partie du Degré du Méridien *Décimal* sous le 50.me Parallèle (qui répond au 45.me du *Sexagésimal*), et, par conséquent, la 4000.me partie de la circonférence du Méridien.

La LIEUE MARINE est donc à la LIEUE DÉCIMALE ou au MYRIAMÈTRE,

Comme $\frac{1}{7200}$ est à $\frac{1}{4000}$; :: 4000 : à 7200 :: 40 : à 72 :: 4 : 7,2 :: 1 : 1,8.

Et ce Rapport ne variera pas, quelque longueur que les Opérations géodésiques, répétées et vérifiées, puissent jamais donner au Degré du Méridien pris à distances égales entre l'Équateur et l'un ou l'autre *Pôle*.

Ainsi, 1 LIEUE MARINE, exprimée en LIEUE DÉCIMALE ou en MYRIAMÈTRE, la 10.me partie du Degré *Décimal,* est égale à $\frac{1}{1,8}$ Lieue Décimale, ou $\frac{5}{9}$, ou 0, 55555 à l'infini.

Et 1 LIEUE DÉCIMALE (ou 1 MYRIAMÈTRE) est égale à 1 LIEUE MARINE 8 dixièmes, ou 1, 8.

Ainsi, la LIEUE DÉCIMALE est à la LIEUE MARINE, comme 1,8 est à 1.

Le MILLE MARIN étant le tiers de la Lieue Marine, sera donc égal à $\frac{0,55555\ldots}{3}^{\text{Lieue Déc.}}$ ou 0$^{\text{Li. Déc.}}$, 185 185 185 à l'infini :

Ou le MYRIAMÈTRE est au MILLE MARIN, comme 5,4 est à 1.

PUISQUE

PUISQUE le Myriamètre est égal à $1^{\text{Li. Mar.}}$, 8, et que le KILO-MÈTRE ou le MILLE DÉCIMAL est la $10.^{\text{me}}$ partie du Myriamètre; le Kilomètre, ou *Mille Décimal*, sera égal à $\frac{1,8}{10}^{\text{Li. Mar.}}$, ou 18 dixièmes de Lieue Marine divisée par 10, c'est-à-dire, à 18 centièmes de Lieue Marine, ou $0^{\text{Li. Mar.}}$, 18.

Ainsi, le MILLE DÉCIMAL est à la LIEUE MARINE, comme 0, 18 est à 1.

Et le MILLE MARIN étant le tiers de la Lieue Marine, le MILLE DÉCIMAL, qui est égal à 18 centièmes de Lieue Marine, sera égal à 18 centièmes multipliés par trois, ou 54 centièmes de Mille Marin, ou $0^{\text{M. M.}}$, 54.

Ainsi, le MILLE DÉCIMAL est au MILLE MARIN, comme 0, 54 est à 1.

COMME les Marins seront obligés, lorsqu'ils commenceront à faire usage du nouveau Système Métrique, de continuer pendant quelque temps à évaluer en Lieues Marines les Distances qu'ils estiment *à la simple vue;* et qu'il leur sera plus commode de réduire d'abord les Lieues en Demi-myriamètres ou Demi-lieues Décimales; je vais donner les Rapports de la LIEUE MARINE au DEMI-MYRIAMÈTRE , et du DEMI-MYRIAMÈTRE à la LIEUE MARINE.

Le Myriamètre, ou la Lieue Décimale (Page précéd.), étant égal à $1^{\text{Li.}}$, 8 ou $\frac{18}{10}$ de Lieue Marine; la DEMI-LIEUE DÉCIMALE (DEMI-MYRIAMÈTRE) est égale à $\frac{9}{10}$ de Lieue Marine, ou $0^{\text{Li. Mar.}}$, 9.

Ainsi, la DEMI-LIEUE DÉCIMALE est à la LIEUE MARINE, comme 9 est à 10.

La LIEUE MARINE est donc à la DEMI-LIEUE DÉCIMALE , comme 10 est à 9, ou égale à $\frac{10}{9}$ de la DEMI-LIEUE DÉCIMALE, ou $1^{\text{Demi-li. Déc.}}$, 1 1 1 1 à l'infini.

NOTA BENÈ. Pour les Rapports des Anciens POIDS aux Nouveaux, pour ceux des Anciennes MONNOIES aux Nouvelles, &c., je renvoie les Navigateurs aux Ouvrages qui traitent spécialement des POIDS, MESURES, &c., pour l'usage de la Société et du

Commerce, et notamment aux TABLES calculées avec autant de soin et d'exactitude que d'étendue, par le C.^{en} BRISSON, de l'Institut national des Sciences et des Arts, un des Commissaires des Poids et Mesures [a]. Je les invite d'ailleurs à lire le Rapport aussi lumineux que savant, fait à l'Institut national, le 27 Prairial an VII, au nom de la Classe des Sciences mathématiques et physiques, *sur la Mesure de la Méridienne de la France*, et *les Résultats qui en ont été déduits pour déterminer les Bases du Nouveau Système Métrique*, par le C.^{en} VAN-SWINDEN et le C.^{en} TRALLES : le premier, Député par la République Batave, le second, par la République Helvétique, avoient concouru avec plusieurs autres Savans, envoyés des Pays alliés ou amis de la FRANCE, à la Vérification et au Calcul des Observations astronomiques et des Opérations géodésiques qui avoient été faites par nos concitoyens MÉCHAIN et DELAMBRE, pour la Mesure de la Méridienne : ils avoient également assisté à la Vérification des Expériences de Physique faites par notre concitoyen LEFÈVRE-GINEAU, qu'il étoit nécessaire de multiplier et de constater de la manière la plus authentique, afin de fixer invariablement le KILOGRAMME, ou l'UNITÉ DES POIDS, comme les travaux des Astronomes avoient fixé la longueur du MÈTRE, l'UNITÉ DES MESURES DE LONGUEUR, la Base de tout le SYSTÈME MÉTRIQUE DÉCIMAL.

---

[a] Édition Monotype, *Paris*, chez *Bossange*, *Masson* et *Besson*, An VIII, 1 vol. in-16 de 130 Pages. Le même Auteur avoit publié, au commencement de la précédente année, des TABLES semblables et du même format, calculées d'après le *Mètre provisoire*, de 3 pieds 11 lignes 44 centièmes; mais les nouvelles sont calculées d'après le *Mètre définitif*, de 3 pieds 11 lignes 296 millièmes : et ce sont les seules dont on doive faire usage.

USAGE DES TABLES

Pour convertir les Anciennes Mesures en Mesures Décimales,
et réciproquement.

TABLE I. *Pour convertir les Parties du Cercle Sexagésimal en
Parties du Cercle Décimal.*

Soit donné le Nombre 11°. 15′. 37″, 98 *Sexag.* dont on demande la valeur en parties du Cercle *Décimal.*

$$
\begin{array}{lll}
 & & \text{Deg.} \\
\text{Les 11 Deg.} = & \ldots\ldots & 12, 22\ 22\ 22\ \textit{Décim.} \\
\text{Les 15 Min.} = & \ldots\ldots & 0, 27\ 77\ 78. \\
\text{Les 37 Sec.} = & \ldots\ldots & 0, 01\ 14\ 20. \\
\text{Pour } 0″, 98\ \textit{ou} \ \bullet \begin{cases} 0, 9 & = \ldots\ldots & 0, 00\ 02\ 77\ 8. \\ 0, 08 & = \ldots\ldots & 0, 00\ 00\ 24\ 70. \end{cases}
\end{array}
$$

Ainsi, les 11°. 15′. 37″, 98 *Sexag.* = 12, 51 17 22 50 *Décim.*

Si l'on veut faire le Calcul direct, en prenant le même exemple;
on observera d'abord que, le Rapport du nombre des Degrés
Sexagésimaux à celui des *Décimaux* étant de 360 à 400, ou de
9 à 10 (ci-devant P. 115), il ne s'agit que d'*ajouter un neuvième
au nombre des Sexagésimaux, pour avoir le nombre des Décimaux.*

OPÉRATION. Réduisez d'abord les 37″, 98 *Sexag.* en décimales de Minute *Sexagésimale;* puis, les 15 Minutes et les décimales résultantes de la première réduction, en décimales de
Degré : réunissant ensuite ce second Résultat au nombre de Degrés,
prenez la neuvième partie du Total, et ajoutez-le à ce Total : la
Somme sera le nombre de Degrés *Décimaux* et parties de Degré,
correspondant à celui des Degrés *Sexagésimaux.*

• Partagez cette quantité en 0″, 9 et 0″, 08.

Prenez dans la TABLE la valeur de 9″ *Sex.,* vous trouverez 2778 ; et, reculant d'un rang à droite, vous écrirez 2″,778 : prenez ensuite la valeur de 8″ *Sex.,* qui est 2470 ; et, reculant de deux rangs, vous écrirez 24‴,70.

Nombre donné . . . . $11^{\circ}.15'.37'',98$ *Sexag.*

Par la 1.re Réduct. de $\frac{37'',98}{60}$ ou $\frac{3,798}{6}$, vous aurez . . . . . $11^{\circ}.15',633$.

Par la 2.de Réduct. de $\frac{15',633}{60}$ ou $\frac{1,5633}{6}$, vous aurez . . . . $11^{\circ},26\ 05\ 5$.

Ajoutez le $\frac{1}{9}$ de cette dernière quantité à elle-même $1,25\ 11\ 72\ 22$ . . . .

Vous aurez pour Total [a] . . . . $12,51\ 17\ 22\ 22$ *Déc.*

ou

$12^{\circ}.51'.17''.22''',22$ &c.

ON a jugé qu'il étoit inutile de pousser la Conversion des DEGRÉS au-delà du nombre compris dans le quart du Cercle, parce qu'il est très-facile de prendre dans cette TABLE, à la vue simple, tous les nombres au-dessus de 90, jusqu'à 360.

Soit, par exemple, le nombre des Degrés *Sexagésimaux*, 227. On voit d'abord que ce nombre excède de 47 celui de 180 ou le Demi-cercle : on aura donc 2 fois 90 Degrés *Sexagésimaux* qui répondent à 2 fois 100 Degrés *Décimaux ;* on ajoutera à 200, le nombre de *Décimaux* qui répond aux 47 *Sexagésimaux* restans, et qui est de $52^{\circ},22\ 22\ 22$; et l'on aura pour les 227 Degrés *Sexagésimaux*, $252^{\circ},22\ 22\ 22$ *Décimaux*.

On observera que les deux premiers chiffres qui suivent à droite la Virgule, dans la Colonne pour les DEGRÉS et dans la Colonne pour les MINUTES, expriment des MINUTES, les deux chiffres suivans, des SECONDES, les deux derniers, des TIERCES. Quand il est question de Parties du Cercle *Décimal,* il suffit d'écrire le mot *Degrés,* son abréviation ou son signe, et l'on se dispense, comme on le voit ici, d'écrire les mots ou signes de *Minutes, Secondes,* &c.

Si l'on prétendoit à plus d'exactitude, on recourroit aux RAPPORTS (Page 115 et suiv.) ; mais celle que l'on obtient par les TABLES, suffit dans tous les cas pour l'usage des Navigateurs.

---

[a] Remarquez que ce Total doit reproduire le $\frac{1}{9}$ que l'on a une ligne plus haut ; seulement la Virgule est avancée à droite d'une place. — La petite différence entre ce Résultat et celui de la Page précédente, provient de l'insuffisance des TABLES pour un Calcul *rigoureux*.

TABLE II. *Pour convertir les Parties du Cercle Décimal en Parties du Cercle Sexagésimal.*

L'usage de cette TABLE est le même que celui de la TABLE I. [a]

Ainsi, par exemple, 12°, 51 17 22 ou 12°. 51'. 17". 22''' *Décim.* donneront :

12°. *Décim.*	10°.48'.00". *Sexag.*
51'	0. 27. 32, 40.
17"	0. 00. 05, 508.
0, 22 (*ou* 0" 22''') [b]	0. 00. 00, 07128.

$$11. 15. 37, 97928.$$
$$\text{ou}$$
$$11°. 15'. 37", 98 \; Sexag.$$

Si l'on veut faire le Calcul direct, on observera ce qui suit :

Le Rapport du nombre de Degrés *Décimaux* au nombre de Degrés *Sexagésimaux* étant de 400 à 360 ou de 10 à 9, il ne s'agit que de *retrancher un dixième du nombre des Degrés Décimaux;* le reste sera le nombre de Degrés *Sexagésimaux.*

Et pour cela, il n'y a qu'à écrire sous les Degrés *Décimaux,* leur nombre même, en avançant toutes les figures d'une place vers la droite : soustrayant ensuite ce nombre inférieur du supérieur, le reste sera le nombre de Degrés *Sexagésimaux* et de parties décimales du Degré *Sexagésimal,* qui répondent à l'arc donné en Degrés *Décimaux* et parties du Degré. Pour réduire les parties décimales du Degré *Sexagésimal* en Minutes Sexagésimales, on multipliera ces décimales, seulement, par 6 : le Produit, dans lequel on placera la Virgule de manière à laisser à sa droite autant de chiffres, moins un, qu'il y a de figures dans le Multiplicande, sera le nombre de Minutes et décimales de Minute *Sexagésimales.* On

[a] Il eût été inutile de pousser la Colonne des *Degrés* au-delà de 100, le quart du Cercle *Décimal :* ce qui a été dit, ci-devant Page préc., pour les Degrés *Sexagésimaux,* est également applicable aux Degrés *Décimaux.*

[b] Prenez dans la TABLE la valeur de 22" *Décim.* ; elle est de 7", 128 : reculez de deux rangs à droite, vous aurez 0" 07''', 128 *Sex.*, pour 22''' *Déc.*

opérera de même sur ces dernières décimales pour les convertir en Secondes *Sexagésimales* et décimales de Seconde de cette espèce, si le Calcul en donne.

EXEMPLE.

On veut convertir 12°, 51 17 22 22 de la Division *Décimale* en Degrés, Minutes, Secondes et décimales de Seconde de la Division *Sexagésimale.*

Nombre donné de Deg. *Décim*...................... 12, 51 17 22 22. (D.)

Le même nombre avancé d'une place à droite.......... 1, 25 11 72 22 2.

Reste......... 11, 26 05 49 99 8. (D.)

Multipliez les décimales par 6.. 6.

Produit........ 15, 63 29 99 88. (Min.)

Multipliez les décimales par 6.. 6.

Produit........ 37, 97 99 92 8. (Sec.)

En réunissant les Degrés, les Minutes et les Secondes résultant des trois opérations, vous aurez [a]............. 11°. 15′. 37″, 98. (Sexag⁵.)

TABLE III. *Correspondance des Angles de Rumbs de Vent dans le Cercle Sexagésimal et dans le Cercle Décimal.*

L'usage de cette TABLE n'exige pas d'explication; je renvoie à ce qui en a été dit, ci-devant Page 116.

TABLES IV et V. *Pour convertir les Parties de la Mesure Sexagésimale du Temps en Parties de sa Mesure Décimale,* et *réciproquement.*

L'usage de ces TABLES est le même que celui des TABLES I et II pour la Conversion réciproque des Degrés Anciens et Nouveaux. (Ci-devant Pages 123 à 126.)

[a] On auroit pu se contenter d'opérer sur 12°, 51 17 22, en négligeant les derniers chiffres de cette suite infinie : on auroit eu pour Reste, 11°,26 05 50 — pour le 1.ᵉʳ produit 15^Min., 63 30 0 — pour le 2.ᵈ, 37^Sec.,98 00 : et pour Résultat final, 11°. 15′. 37″, 98.

TABLES VI et VII. *Pour convertir le Temps Ancien en Parties du Cercle Décimal, et les Parties du Cercle Décimal en Temps Ancien.*

Ces TABLES pourront être utiles aux Navigateurs lorsqu'ils auront des Cartes hydrographiques dressées d'après la nouvelle Division du Cercle, et qu'ils ne seront pas encore pourvus d'Horloges ou de Montres Décimales. L'usage de ces TABLES n'est pas différent de celui des TABLES I et II, IV et V.

Si l'on veut opérer par le Calcul direct, on fera usage des Formules données par le C.^{en} DELAMBRE.

1.° Pour convertir le TEMPS ANCIEN en PARTIES DU CERCLE DÉCIMAL :

Après avoir réduit les Minutes et Secondes de Temps en décimales d'Heure, multipliez le tout par 100, et divisez le Produit par 6, vous aurez les Degrés et parties de Degré.

Ainsi, 3$^{\text{H. Anc.}}$. 22'. 35", 5 (ou 3$^{\text{H.}}$, 376 527 777....) étant multipliées par 100, et le Produit divisé par 6, donnent 56$^{\text{Deg. Déc.}}$, 27 54 62 96 29...... On auroit par la TABLE VI, 56$^{\text{Deg.}}$, 27 54 62 75 : et, par l'un et par l'autre procédé, en se bornant à 6 chiffres de décimales, 56$^{\text{Deg.}}$, 27 54 63.

2.° Pour convertir les PARTIES DU CERCLE DÉCIMAL en TEMPS ANCIEN :

Multipliez par 6 les parties du Cercle, et divisez le produit par 100, vous aurez les Heures et parties d'Heure.

Ainsi, 56$^{\text{Deg. Déc.}}$, 27 54 63 étant multipliés par 6, et le Produit divisé par 100, donnent 3$^{\text{H. Anc.}}$, 376 527 78, ou, en réduisant la Fraction en sexagésimales, 3$^{\text{H.}}$. 22'. 35", 5. On obtiendroit le même Résultat par la TABLE VII.

LES TABLES depuis le N.° VIII jusqu'au N.° XVI inclusivement, *Pour convertir en Nouvelles Mesures, les Mesures Linéaires Anciennes en usage dans la Marine, et réduire également quelques-unes des Nouvelles en Anciennes,* n'ont pas besoin d'une explication particulière ; la seule inspection en indiquera l'usage, puisqu'il suffit de transcrire les quantités correspondantes à celles dont on cherche la valeur en une autre expression, et d'additionner deux quantités trouvées, quand le nombre des quantités données excède celui auquel il a paru que chaque TABLE pouvoit être bornée.

Il ne sera pas plus difficile, mais seulement un peu plus long, de convertir les *Mesures étrangères* en *Mètres* et *parties du Mètre*.

On sait, par exemple, que le PIED d'ANGLETERRE est au PIED de FRANCE, comme 135,116154 &c. est à 144 ª, ou comme 40 est à 42,63 : que le Rapport du PIED du RHIN à ce dernier est comme 139,2048 à 144, ou comme 8,7003 à 9 : on commencéra par chercher à combien de Pieds et de parties du Pied de FRANCE répondent les longueurs données en Mesure étrangère ; et l'on réduira ensuite les Pieds de FRANCE en MÈTRES et parties du MÈTRE.

S'il s'agit de BRASSES étrangères ; on sait que toutes contiennent *6 Pieds* du Pays où elles sont en usage : on réduira donc ces 6 Pieds en PIEDS de FRANCE, &c. Et l'on trouvera à quel nombre de Nouvelles Mesures répond la Somme de ces Pieds.

TABLES XVII à XXII. *Pour convertir en Mesures Nouvelles les Mesures itinéraires Anciennes, en usage dans la Marine, et réciproquement.*

J'ai proposé (ci-devant Pag. 90 à 103) des Méthodes d'approximation pour convertir de tête les LIEUES MARINES et les MILLES MARINS en MYRIAMÈTRES ou LIEUES DÉCIMALES, et en KILOMÈTRES ou MILLES DÉCIMAUX; les TABLES XVII à XXII présentent un moyen facile d'en faire le Calcul à un degré d'exactitude plus que suffisant pour le besoin de la Navigation.

Mais si l'on veut opérer par un Calcul direct et plus rigoureux, on observera les règles suivantes :

1.º *Pour convertir les Lieues Marines en Myriamètres ou Lieues Décimales.*

---

* Ce Rapport (qui, en nombres entiers, est comme 100 000 à 106 575) est celui que *Maskelyne* a trouvé, en comparant la *Toise* de *France* au *Fathom* d'*Angleterre (Philosophical Transactions, An. 1768.)*

On

On pourroit multiplier les LIEUES MARINES par $\frac{5}{9}$ (P. 120); mais il sera plus court de les multiplier par 0, 55555, &c.

Soient données 29 LIEUES MARINES $\frac{3}{4}$ ou 29$^{\text{Li. Mar.}}$,75.

On aura par le Calcul :

	Li. *Mar.*
	29,75.

	Li. *Déc.*
Moitié	14, 875.
Dixième	1, 487 5.
Centième	0, 148 75.
Millième	0, 014 875.
&c.	0, 001 487 5.
	0, 000 148 75.
	0, 000 014 875.
	16, 527 776 125.

On auroit par la TABLE XVII :

	Myr. *ou* Li. *Déc.*
Pour 20 Li. *Mar.*	11, 1 1 1 1.
Pour 9	5, 0000.
Pour $\frac{1}{4}$	0, 4167.
Et pour 29,75	16, 5278.

N. B. On voit que, dans le résultat du *Calcul*, les quatre dernières décimales sont trop foibles : les trois 7 qui les précèdent peuvent faire présumer qu'on en auroit à l'infini ; et cela est vrai.

2.° *Pour convertir les Milles Marins en Myriamètres, ou Lieues Décimales, et en Kilomètres ou Milles Décimaux.*

L'Opération de calcul est la même pour la Conversion des MILLES MARINS que pour celle des LIEUES MARINES ; mais il faudra diviser le résultat par 3 , puisque le MILLE MARIN n'est que le tiers de la LIEUE MARINE.

Ainsi, 29 Milles Marins $\frac{3}{4}$, ou 29,75, multipliés d'abord par $\frac{5}{9}$, donneront 16,527777..... à l'infini ; et divisant ce résultat par 3 , on aura 5,50925925......, ou 55,092 59......

(Myr. *ou* Li. *Déc.*)   (Kilom. *ou* Mil. *Déc.*)

En faisant usage de la TABLE XVIII, on auroit eu ;

		Myr. *ou* Li. *Déc.*
Pour	20 Milles Mar.	3,7037.
Pour	9	1,6667.
Pour	$\frac{1}{4}$	0,1389.
Et pour	29,75	5,5093
		ou
		Kil. *ou* Mil. *Déc.*
		55,093.

3.° *Pour convertir les Myriamètres, ou Lieues Décimales, en Lieues Marines, et en Milles Marins.*

.R

Soit le nombre donné de LIEUES DÉCIMALES, 8,432.

Prenez d'abord dans la TABLE XIX la valeur des 8 Entiers; et, pour la Fraction, prenez successivement les valeurs de 4, de 3, de 2, et, en les écrivant, avancez toujours d'un rang à droite.

Vous aurez :

		Li. *Mar.*
Pour 8 Li. *Déc.* .		1 4,4.
Pour 0,4		0,72.
Pour 0,03		0,054.
Pour 0,002		0,0036.
Et pour 8,432		15,1776.

SI l'on veut opérer par le Calcul direct, pour convertir les MYRIAMÈTRES ou LIEUES DÉCIMALES en LIEUES MARINES; on multipliera le nombre des premières, 8,432, par $\frac{9}{5}$. (P. 120.)

En multipliant 8,432 par 9, et divisant le Produit par 5 (ou en multipliant simplement par 1,8), on a, comme ci-dessus, 15,1776.

LE MÊME Calcul peut être fait pour la Conversion des MYRIAMÈTRES ou LIEUES DÉCIMALES en MILLES MARINS.

Supposons le même nombre donné de LIEUES DÉCIMALES, 8,432 : multipliez également par 1,8, et le Produit, 15,1776, par 3 (puisque 1 Lieue Marine contient 3 Milles Marins), vous aurez 45,5328, correspondant à 8,432.

On peut aussi obtenir le dernier Résultat par une seule Opération : il suffit de multiplier 8,432 par $\frac{3 \text{ fois } 9 \text{ ou } 27}{5}$, c'est-à-dire, par 5,4; et l'on aura le même Produit, 45,5328.

SI, au lieu de calculer directement, on veut faire usage de la TABLE XX, pour le même nombre de Myriamètres ou Lieues Décimales ; on prendra d'abord dans la TABLE la valeur des 8 Entiers; et, pour la Fraction, 0,432, on prendra successivement les Valeurs de 4, de 3 et de 2; et, en les écrivant, on avancera toujours d'un rang à droite : la somme des quatre quantités trouvées sera le nombre correspondant de MILLES MARINS et de parties de ce MILLE.

Li. Déc.	Milles Mar.
8	43, 2.
0, 4	2, 16.
0, 03	0, 162.
0, 002	0, 010 8.
Ainsi, 8, 432 =	45, 532 8.

4.° *Pour convertir les Kilomètres, ou Milles Décimaux, en Lieues Marines.*

Si l'on veut faire usage de la TABLE XXI, pour convertir les MILLES DÉCIMAUX en LIEUES MARINES; et que le nombre des Milles soit, par exemple, de 8,432; on prendra d'abord le nombre de LIEUES MARINES correspondant aux 8 MILLES DÉCIMAUX, et successivement les Valeurs de 4, de 3 et de 2; et, en les écrivant, on avancera toujours d'un rang à droite.

Ainsi, l'on aura :

Mil. Déc.	Li. Mar.
Pour 8	1, 44.
Pour 0, 4	0, 072.
Pour 0, 03	0, 005 4.
Pour 0, 002	0, 000 36.
Et pour 8, 432	1, 517 76.

Si l'on vouloit réduire les KILOMÈTRES, ou MILLES DÉCIMAUX, en LIEUES MARINES par le Calcul direct; il suffiroit de multiplier $8^{\text{M. Déc.}}$,432 par $\frac{9}{5}$, ou 1,8, comme je l'ai indiqué (P. 130) pour *convertir les Lieues Décimales en Lieues Marines ;* mais il faut faire attention à placer la Virgule convenablement, parce que le Kilomètre ou Mille Décimal n'est que la 10.me partie du Myriamètre ou de la Lieue Décimale. Nous avions eu pour $8^{\text{Li. Déc.}}$,432, une valeur en Lieues Marines, de 15,1776; et pour $8^{\text{M. Déc.}}$,432, cette Valeur sera le même nombre divisé par 10, c'est-à-dire, $1^{\text{Li. Mar.}}$,51776 : on évitera la double opération si l'on multiplie par 0,18 au lieu de 1,8.

.R 2

5.° *Pour convertir les Kilomètres, ou Milles Décimaux, en Milles Marins.*

L'Opération par la TABLE XXII, est la même que pour convertir les KILOMÈTRES, ou MILLES DÉCIMAUX, en LIEUES MARINES.

Soit le nombre donné de KILOMÈTRES, ou MILLES DÉCIMAUX, 8,432.

Prenez dans la TABLE XXII le nombre de MILLES MARINS correspondant aux 8 Entiers, et successivement les Valeurs de 4, de 3 et de 2 ; et, en écrivant les Valeurs, avancez toujours les chiffres d'un rang à droite ; vous aurez :

	Mil. *Déc.*	Mil. *Mar.*
Pour 8		4, 3 2.
Pour 0, 4		0, 2 1 6.
Pour 0, 0 3		0, 0 1 6 2.
Pour 0, 0 0 2		0, 0 0 1 0 8.
Et pour 8, 4 3 2		4, 5 5 3 2 8.

SI l'on veut convertir les KILOMÈTRES, ou MILLES DÉCIMAUX, en MILLES MARINS par le Calcul direct ; en multipliant 8,432 [Mil. Mar.] par $\frac{9}{5}$, ou 1,8 (comme on a fait ci-devant, P. 1 3 0, *pour convertir les Myriamètres en Lieues Marines*), et divisant ensuite le Produit par 1 0, puisqu'il s'agit de Kilomètres, on aura pour Résultat 1,5 1 7 7 6 [Li. Mar.] : mais, comme la Lieue Marine contient 3 Milles Marins, on multipliera ce résultat par 3 ; et, pour 8,432 [Kil. ou M. D.] ; on aura 4,5 5 3 2 8 [Mil. Mar.].

Pour simplifier le Calcul, multipliez seulement 8,432 par 0,5 4 [Kil. ou Mil. Déc.] $\left(\frac{3 \text{ fois } 9 \text{ ou } 27}{5}\right.$, ou 5 4, div. par 1 0$\left.\right)$; vous aurez le même Résultat, 4,5 5 3 2 8 [Mil. Mar.].

TABLES XXIII et XXIV. *Pour convertir les Lieues Marines en Demi-myriamètres, ou Demi-lieues Décimales, et les Demi-lieues Décimales en Lieues Marines.*

J'ai dit (ci-devant, Page 96) qu'il pourroit être commode

pour nos anciens Navigateurs, quand ils commenceront à faire usage du nouveau *Système Métrique*, de réduire de tête en DEMI-MYRIAMÈTRES, plutôt qu'en MYRIAMÈTRES, les Distances qu'ils auront estimées, à la vue simple, en LIEUES MARINES; et j'ai proposé une Méthode d'approximation qui peut suffire pour le calcul du moment. La TABLE XXIII fournira un Résultat plus exact, sans être cependant rigoureux; et la TABLE XXIV remplira le même objet, mais plus exactement, pour convertir les DEMI-MYRIAMÈTRES, ou DEMI-LIEUES DÉCIMALES, en LIEUES MARINES.

J'aurois pu me dispenser de donner ces deux TABLES, parce que les TABLES XVII et XIX peuvent satisfaire aux mêmes demandes : en effet, si l'on veut convertir 8 LIEUES MARINES $\frac{1}{4}$, estimées à vue, en DEMI-LIEUES DÉCIMALES; on voit, dans la TABLE XVII, que ce nombre de LIEUES MARINES égale 4,5833; et le double de cette quantité, 9,1666, sera le nombre correspondant de DEMI-MYRIAMÈTRES, ou DEMI-LIEUES DÉCIMALES. Ce Résultat est plus exact que celui que l'on obtient par la TABLE XXIII qui donneroit 9,1678, parce que la TABLE XVII est poussée à un plus grand nombre de chiffres de décimales.

De même, si l'on veut convertir, par exemple, 9 DEMI-MY-RIAMÈTRES, ou DEMI-LIEUES DÉCIMALES, en LIEUES MA-RINES, on aura 8,1 par la TABLE XXIV : et, si l'on cherche dans la Table XIX, le nombre de Lieues Marines correspondant à 9 Myriamètres ou Lieues Décimales, que l'on trouvera être 16,2, en en prenant la moitié, qui est 8,1 , on aura le nombre de LIEUES MARINES correspondant à 9 DEMI-LIEUES DÉCI-MALES : les deux Résultats sont ici les mêmes, parce que, dans les deux TABLES, les chiffres de décimales se trouvent en nombre égal.

A Paris, 20 Messidor, An VII de l'Ere française.

TABLES

POUR LA CONVERSION

DES

MESURES ANCIENNES EN MESURES NOUVELLES,

ET RÉCIPROQUEMENT.

(136)

TABLE I.re *Pour convertir les Parties du CERCLE SEXAGÉSIMAL en Parties du CERCLE-DÉCIMAL.* (Voyez Pag. 115 et 123.)

POUR LES DEGRÉS.

Sexag. Deg.	DÉCIMAL. Degrés.	Sexag. Deg.	DÉCIMAL. Degrés.
1.	1 , 11 11 11	46.	51 , 11 11 11
2.	2 , 22 22 22	47.	52 , 22 22 22
3.	3 , 33 33 33	48.	53 , 33 33 33
4.	4 , 44 44 44	49.	54 , 44 44 44
5.	5 , 55 55 56	50.	55 , 55 55 56
6.	6 , 66 66 67	51.	56 , 66 66 67
7.	7 , 77 77 78	52.	57 , 77 77 78
8.	8 , 88 88 89	53.	58 , 88 88 89
9.	10 , 00 00 00	54.	60 , 00 00 00
10.	11 , 11 11 11	55.	61 , 11 11 11
11.	12 , 22 22 22	56.	62 , 22 22 22
12.	13 , 33 33 33	57.	63 , 33 33 33
13.	14 , 44 44 44	58.	64 , 44 44 44
14.	15 , 55 55 56	59.	65 , 55 55 56
15.	16 , 66 66 67	60.	66 , 66 66 67
16.	17 , 77 77 78	61.	67 , 77 77 78
17.	18 , 88 88 89	62.	68 , 88 88 89
18.	20 , 00 00 00	63.	70 , 00 00 00
19.	21 , 11 11 11	64.	71 , 11 11 11
20.	22 , 22 22 22	65.	72 , 22 22 22
21.	23 , 33 33 33	66.	73 , 33 33 33
22.	24 , 44 44 44	67.	74 , 44 44 44
23.	25 , 55 55 56	68.	75 , 55 55 56
24.	26 , 66 66 67	69.	76 , 66 66 67
25.	27 , 77 77 78	70.	77 , 77 77 78
26.	28 , 88 88 89	71.	78 , 88 88 89
27.	30 , 00 00 00	72.	80 , 00 00 00
28.	31 , 11 11 11	73.	81 , 11 11 11
29.	32 , 22 22 22	74.	82 , 22 22 22
30.	33 , 33 33 33	75.	83 , 33 33 33
31.	34 , 44 44 44	76.	84 , 44 44 44
32.	35 , 55 55 56	77.	85 , 55 55 56
33.	36 , 66 66 67	78.	86 , 66 66 67
34.	37 , 77 77 78	79.	87 , 77 77 78
35.	38 , 88 88 89	80.	88 , 88 88 89
36.	40 , 00 00 00	81.	90 , 00 00 00
37.	41 , 11 11 11	82.	91 , 11 11 11
38.	42 , 22 22 22	83.	92 , 22 22 22
39.	43 , 33 33 33	84.	93 , 33 33 33
40.	44 , 44 44 44	85.	94 , 44 44 44
41.	45 , 55 55 56	86.	95 , 55 55 56
42.	46 , 66 66 67	87.	96 , 66 66 67
43.	47 , 77 77 78	88.	97 , 77 77 78
44.	48 , 88 88 89	89.	98 , 88 88 89
45.	50 , 00 00 00	90.	100 , 00 00 00

POUR LES MINUTES.

Sexag. Min.	DÉCIMAL. Deg.	Sexag. Min.	DÉCIMAL. Deg.
1.	0 , 01 85 19	31.	0 , 57 40 74
2.	0 , 03 70 37	32.	0 , 59 25 93
3.	0 , 05 55 56	33.	0 , 61 11 11
4.	0 , 07 40 74	34.	0 , 62 96 30
5.	0 , 09 25 93	35.	0 , 64 81 48
6.	0 , 11 11 11	36.	0 , 66 66 67
7.	0 , 12 96 30	37.	0 , 68 51 85
8.	0 , 14 81 48	38.	0 , 70 37 03
9.	0 , 16 66 67	39.	0 , 72 22 22
10.	0 , 18 51 85	40.	0 , 74 07 41
11.	0 , 20 37 04	41.	0 , 75 92 59
12.	0 , 22 22 22	42.	0 , 77 77 78
13.	0 , 24 07 41	43.	0 , 79 62 96
14.	0 , 25 92 59	44.	0 , 81 48 15
15.	0 , 27 77 78	45.	0 , 83 33 33
16.	0 , 29 62 96	46.	0 , 85 18 52
17.	0 , 31 48 15	47.	0 , 87 03 70
18.	0 , 33 33 33	48.	0 , 88 88 89
19.	0 , 35 18 52	49.	0 , 90 74 07
20.	0 , 37 03 70	50.	0 , 92 59 26
21.	0 , 38 88 89	51.	0 , 94 44 44
22.	0 , 40 74 07	52.	0 , 96 29 63
23.	0 , 42 59 26	53.	0 , 98 14 81
24.	0 , 44 44 44	54.	1 , 00 00 00
25.	0 , 46 29 63	55.	1 , 01 85 18
26.	0 , 48 14 81	56.	1 , 03 70 37
27.	0 , 50 00 00	57.	1 , 05 55 56
28.	0 , 51 85 18	58.	1 , 07 40 74
29.	0 , 53 70 37	59.	1 , 09 25 93
30.	0 , 55 55 56	60.	1 , 11 11 11

POUR LES SECONDES.

Sexag. Sec.	DÉCIMAL. Min.	Sexag. Sec.	DÉCIMAL. Min.
1.	0 , 03 09	31.	0 , 95 68
2.	0 , 06 17	32.	0 , 98 76
3.	0 , 09 26	33.	1 , 01 85
4.	0 , 12 35	34.	1 , 04 94
5.	0 , 15 43	35.	1 , 07 02
6.	0 , 18 52	36.	1 , 11 11
7.	0 , 21 60	37.	1 , 14 20
8.	0 , 24 70	38.	1 , 17 28
9.	0 , 27 78	39.	1 , 20 37
10.	0 , 30 86	40.	1 , 23 46
11.	0 , 33 95	41.	1 , 26 54
12.	0 , 37 04	42.	1 , 29 63
13.	0 , 40 12	43.	1 , 32 72
14.	0 , 43 21	44.	1 , 35 80
15.	0 , 46 30	45.	1 , 38 89
16.	0 , 49 38	46.	1 , 41 97
17.	0 , 52 47	47.	1 , 45 06
18.	0 , 55 56	48.	1 , 48 15
19.	0 , 58 64	49.	1 , 51 23
20.	0 , 61 73	50.	1 , 54 32
21.	0 , 64 81	51.	1 , 57 41
22.	0 , 67 90	52.	1 , 60 49
23.	0 , 70 99	53.	1 , 63 58
24.	0 , 74 07	54.	1 , 66 67
25.	0 , 77 16	55.	1 , 69 75
26.	0 , 80 25	56.	1 , 72 84
27.	0 , 83 23	57.	1 , 75 92
28.	0 , 86 42	58.	1 , 79 01
29.	0 , 89 51	59.	1 , 82 10
30.	0 , 92 59	60.	1 , 85 19

AVERTISSEMENT.

On a jugé qu'il était inutile de pousser la Conversion pour les DEGRÉS, dans les TABLES I et II, au-delà du nombre compris dans le quart du Cercle, parce qu'il est très-facile d'y prendre de même, à la simple vue, tous les nombres de Degrés jusqu'à 360 du Cercle *Sexagésimal*, par la TABLE I, et jusqu'à 400 du Cercle *Décimal*, par la TABLE II. (Voyez l'*Explication* et l'*usage des Tables*, ci-devant page 123.)

TABLE II.

TABLE II. *Pour convertir les Parties du CERCLE DÉCIMAL en Parties du CERCLE SEXAGÉSIMAL.* (Voyez Pag. 115 et 125.)

POUR LES DEGRÉS.

Décim	SEXAGÉSIM.		Décim	SEXAGÉSIM.	
Deg.	Deg.	Min.	Deg.	Deg.	Min.
1.	0.	54.	51.	45.	54.
2.	1.	48.	52.	46.	48.
3.	2.	42.	53.	47.	42.
4.	3.	36.	54.	48.	36.
5.	4.	30.	55.	49.	30.
6.	5.	24.	56.	50.	24.
7.	6.	18.	57.	51.	18.
8.	7.	12.	58.	52.	12.
9.	8.	06.	59.	53.	06.
10.	9.	00.	60.	54.	00.
11.	9.	54.	61.	54.	54.
12.	10.	48.	62.	55.	48.
13.	11.	42.	63.	56.	42.
14.	12.	36.	64.	57.	36.
15.	13.	30.	65.	58.	30.
16.	14.	24.	66.	59.	24.
17.	15.	18.	67.	60.	18.
18.	16.	12.	68.	61.	12.
19.	17.	06.	69.	62.	06.
20.	18.	00.	70.	63.	00.
21.	18.	54.	71.	63.	54.
22.	19.	48.	72.	64.	48.
23.	20.	42.	73.	65.	42.
24.	21.	36.	74.	66.	36.
25.	22.	30.	75.	67.	30.
26.	23.	24.	76.	68.	24.
27.	24.	18.	77.	69.	18.
28.	25.	12.	78.	70.	12.
29.	26.	06.	79.	71.	06.
30.	27.	00.	80.	72.	00.
31.	27.	54.	81.	72.	54.
32.	28.	48.	82.	73.	48.
33.	29.	42.	83.	74.	42.
34.	30.	36.	84.	75.	36.
35.	31.	30.	85.	76.	30.
36.	32.	24.	86.	77.	24.
37.	33.	18.	87.	78.	18.
38.	34.	12.	88.	79.	12.
39.	35.	06.	89.	80.	06.
40.	36.	00.	90.	81.	00.
41.	36.	54.	91.	81.	54.
42.	37.	48.	92.	82.	48.
43.	38.	42.	93.	83.	42.
44.	39.	36.	94.	84.	36.
45.	40.	30.	95.	85.	30.
46.	41.	24.	96.	86.	24.
47.	42.	18.	97.	87.	18.
48.	43.	12.	98.	88.	12.
49.	44.	06.	99.	89.	06.
50.	45.	00.	100.	90.	00.

POUR LES MINUTES.

Décim	SEXAGÉSIM.		Décim	SEXAGÉSIM.	
Min.	Min.	Sec.	Min.	Min.	Sec.
1.	0.	32,40	51.	27.	32,40
2.	1.	04,80	52.	28.	04,80
3.	1.	37,20	53.	28.	37,20
4.	2.	09,60	54.	29.	09,60
5.	2.	42,00	55.	29.	42,00
6.	3.	14,40	56.	30.	14,40
7.	3.	46,80	57.	30.	46,80
8.	4.	19,20	58.	31.	19,20
9.	4.	51,60	59.	31.	51,60
10.	5.	24,00	60.	32.	24,00
11.	5.	56,40	61.	32.	56,40
12.	6.	28,80	62.	33.	28,80
13.	7.	01,20	63.	34.	01,20
14.	7.	33,60	64.	34.	33,60
15.	8.	06,00	65.	35.	06,00
16.	8.	38,40	66.	35.	38,40
17.	9.	10,80	67.	36.	10,80
18.	9.	43,20	68.	36.	43,20
19.	10.	15,60	69.	37.	15,60
20.	10.	48,00	70.	37.	48,00
21.	11.	20,40	71.	38.	20,40
22.	11.	52,80	72.	38.	52,80
23.	12.	25,20	73.	39.	25,20
24.	12.	57,60	74.	39.	57,60
25.	13.	30,00	75.	40.	30,00
26.	14.	02,40	76.	41.	02,40
27.	14.	34,80	77.	41.	34,80
28.	15.	07,20	78.	42.	07,10
29.	15.	39,60	79.	42.	39,60
30.	16.	12,00	80.	43.	12,00
31.	16.	44,40	81.	43.	44,40
32.	17.	16,80	82.	44.	16,80
33.	17.	40,20	83.	44.	49,20
34.	18.	21,60	84.	45.	21,60
35.	18.	54,00	85.	45.	54,00
36.	19.	26,40	86.	46.	26,40
37.	19.	58,80	87.	46.	58,80
38.	20.	31,20	88.	47.	31,20
39.	21.	03,60	89.	48.	03,60
40.	21.	36,00	90.	48.	36,00
41.	22.	08,40	91.	49.	08,40
42.	22.	40,80	92.	49.	40,80
43.	23.	13,20	93.	50.	13,20
44.	23.	45,60	94.	50.	45,60
45.	24.	18,00	95.	51.	18,00
46.	24.	50,40	96.	51.	50,40
47.	25.	22,80	97.	52.	22,80
48.	25.	55,20	98.	52.	55,20
49.	26.	27,60	99.	53.	27,60
50.	27.	00,00	100.	54.	00,00

POUR LES SECONDES.

Décim	SEXAGÉSIM.	Décim	SEXAGÉSIM.
Sec.	Sec.	Sec.	Sec.
1.	0,324	51.	16,524
2.	0,648	52.	16,848
3.	0,972	53.	17,172
4.	1,296	54.	17,496
5.	1,620	55.	17,820
6.	1,944	56.	18,144
7.	2,268	57.	18,468
8.	2,592	58.	18,792
9.	2,916	59.	19,116
10.	3,240	60.	19,440
11.	3,564	61.	19,764
12.	3,888	62.	20,088
13.	4,212	63.	20,412
14.	4,536	64.	20,736
15.	4,860	65.	21,060
16.	5,184	66.	21,384
17.	5,508	67.	21,708
18.	5,832	68.	22,032
19.	6,156	69.	22,356
20.	6,480	70.	22,680
21.	6,804	71.	23,004
22.	7,128	72.	23,328
23.	7,452	73.	23,652
24.	7,776	74.	23,976
25.	8,100	75.	24,300
26.	8,424	76.	24,624
27.	8,748	77.	24,948
28.	9,072	78.	25,272
29.	9,396	79.	25,596
30.	9,720	80.	25,920
31.	10,044	81.	26,244
32.	10,368	82.	26,568
33.	10,692	83.	26,892
34.	11,016	84.	27,216
35.	11,340	85.	27,540
36.	11,664	86.	27,864
37.	11,988	87.	28,188
38.	12,312	88.	28,512
39.	12,636	89.	28,836
40.	12,960	90.	29,160
41.	13,284	91.	29,484
42.	13,608	92.	29,808
43.	13,932	93.	30,132
44.	14,256	94.	30,456
45.	14,580	95.	30,780
46.	14,904	96.	31,104
47.	15,228	97.	31,428
48.	15,552	98.	31,752
49.	15,876	99.	32,076
50.	16,200	100.	32,400

.S

TABLE III. *Correspondance des Angles de RUMBS DE VENT dans le CERCLE SEXAGÉSIMAL et dans le CERCLE DÉCIMAL.* (V. Pag. 116.)

RUMBS DE VENT.	CERCLE SEXAGÉSIMAL.		CERCLE DÉCIMAL.	
	Deg.	Min.	Deg.	Min.
NORD *ou* SUD	00.	00.	00.	00.
N.¼N.E. — N.¼N.O. — S.¼S.E. — S.¼S.O.	11.	15.	12.	50.
N.N.E. — N.N.O. — S.S.E. — S.S.O.	22.	30.	25.	00.
N.E.¼N. — N.O.¼N. — S.E.¼S. — S.O.¼S.	33.	45.	37.	50.
N.E. — N.O. — S.E. — S.O.	45.	00.	50.	00.
N.E.¼E. — N.O.¼O. — S.E.¼E. — S.O.¼O.	56.	15.	62.	50.
E.N.E. — O.N.O. — E.S.E. — O.S.O.	67.	30.	75.	00.
E.¼N.E. — O.¼N.O. — E.¼S.E. — O.¼S.O.	78.	45.	87.	50.
EST *ou* OUEST	90.	00.	100.	00.

TABLE IV. *Pour convertir les Parties de la MESURE SEXAGÉSIMALE DU TEMPS en Parties de sa MESURE DÉCIMALE.* (V. Pag. 116 et 126.)

POUR LES HEURES.

Sexag. Heur.	Décimal. H.	M.	S.
1.	0.	41.	66,67
2.	0.	83.	33,33
3.	1.	25.	00,00
4.	1.	66.	66,67
5.	2.	08.	33,33
6.	2.	50.	00,00
7.	2.	91.	66,67
8.	3.	33.	33,33
9.	3.	75.	00,00
10.	4.	16.	66,67
11.	4.	58.	33,33
12.	5.	00.	00,00
13.	5.	41.	66,67
14.	5.	83.	33,33
15.	6.	25.	00,00
16.	6.	66.	66,67
17.	7.	08.	33,33
18.	7.	50.	00,00
19.	7.	91.	66,67
20.	8.	33.	33,33
21.	8.	75.	00,00
22.	9.	16.	66,67
23.	9.	58.	33,33
24.	10.	00.	00,00

POUR LES MINUTES.

Sexag. Min.	Décimal. M.	S.	Sexag. Min.	Décimal. M.	S.
1.	0.	69,44	31.	21.	52,78
2.	1.	38,89	32.	22.	22,22
3.	2.	08,33	33.	22.	91,67
4.	2.	77,78	34.	23.	61,11
5.	3.	47,22	35.	24.	30,56
6.	4.	16,67	36.	25.	00,00
7.	4.	86,11	37.	25.	69,44
8.	5.	55,56	38.	26.	38,89
9.	6.	25,00	39.	27.	08,33
10.	6.	94,44	40.	27.	77,78
11.	7.	63,89	41.	28.	47,22
12.	8.	33,33	42.	29.	16,67
13.	9.	02,78	43.	29.	86,11
14.	9.	72,22	44.	30.	55,56
15.	10.	41,67	45.	31.	25,00
16.	11.	11,11	46.	31.	94,44
17.	11.	80,56	47.	32.	63,89
18.	12.	50,00	48.	33.	33,33
19.	13.	19,44	49.	34.	02,78
20.	13.	88,89	50.	34.	72,22
21.	14.	58,33	51.	35.	41,67
22.	15.	27,78	52.	36.	11,11
23.	15.	97,22	53.	36.	80,56
24.	16.	66,67	54.	37.	50,00
25.	17.	36,11	55.	38.	19,44
26.	18.	05,56	56.	38.	88,89
27.	18.	75,00	57.	39.	58,33
28.	19.	44,44	58.	40.	27,78
29.	20.	13,89	59.	40.	97,22
30.	20.	83,33	60.	41.	66,67

POUR LES SECONDES.

Sexag. Sec.	Décimal. Sec.	Sexag. Sec.	Décimal. Sec.
1.	1,16	31.	35,88
2.	2,31	32.	37,04
3.	3,47	33.	38,19
4.	4,63	34.	39,35
5.	5,79	35.	40,51
6.	6,94	36.	41,67
7.	8,10	37.	42,82
8.	9,26	38.	43,98
9.	10,42	39.	45,14
10.	11,57	40.	46,30
11.	12,73	41.	47,45
12.	13,88	42.	48,61
13.	15,05	43.	49,77
14.	16,20	44.	50,93
15.	17,36	45.	52,08
16.	18,52	46.	53,24
17.	19,68	47.	54,40
18.	20,83	48.	55,56
19.	21,99	49.	56,71
20.	23,15	50.	57,87
21.	24,31	51.	59,03
22.	25,46	52.	60,18
23.	26,62	53.	61,34
24.	27,78	54.	62,50
25.	28,94	55.	63,66
26.	30,09	56.	64,81
27.	31,25	57.	65,97
28.	32,41	58.	67,13
29.	33,56	59.	68,29
30.	34,72	60.	69,44

TABLE V. *Pour convertir les Parties de la MESURE DÉCIMALE DU TEMPS en Parties de sa MESURE SEXAGÉSIMALE.* (V. Pag. 116 et 126.)

POUR LES HEURES.

Décim. Heur.	Sexagésim. H.	M.
1.	2.	24.
2.	4.	48.
3.	7.	12.
4.	9.	36.
5.	12.	00.
6.	14.	24.
7.	16.	48.
8.	19.	12.
9.	21.	36.
10.	24.	00.

NOTA BENÈ.

LA Colonne des SECONDES ne donne qu'une quantité approximative ; et , dans le cas où l'on voudroit avoir la valeur exacte, on la trouveroit en substituant au dernier chiffre, c'est-à-dire, à celui des centièmes de Seconde, les deux derniers chiffres pris dans la Ligne correspondante de la Colonne des MINUTES ; par exemple : à 51$^{Sec.}$, au lieu du dernier chiffre 6 de 44″,06, on écriroit 64, qui sont les deux dernières Figures à la Ligne de 51$^{Min.}$, en sorte que la valeur exacte seroit 44″,064 : de même, pour 52$^{Sec.}$, on auroit 44″,928 , au lieu de 44″,93 ; et ainsi des autres.

POUR LES MINUTES.

Décim. Min.	Sexagésim. H.	M.	S.
1.	0.	01.	26,4
2.	0.	02.	52,8
3.	0.	04.	19,2
4.	0.	05.	45,6
5.	0.	07.	12,0
6.	0.	08.	38,4
7.	0.	10.	04,8
8.	0.	11.	31,2
9.	0.	12.	57,6
10.	0.	14.	24,0
11.	0.	15.	50,4
12.	0.	17.	16,8
13.	0.	18.	43,2
14.	0.	20.	09,6
15.	0.	21.	36,0
16.	0.	23.	02,4
17.	0.	24.	28,8
18.	0.	25.	55,2
19.	0.	27.	21,6
20.	0.	28.	48,0
21.	0.	30.	14,4
22.	0.	31.	40,8
23.	0.	33.	07,2
24.	0.	34.	33,6
25.	0.	36.	00,0
26.	0.	37.	26,4
27.	0.	38.	52,8
28.	0.	40.	19,2
29.	0.	41.	45,6
30.	0.	43.	12,0
31.	0.	44.	38,4
32.	0.	46.	04,8
33.	0.	47.	31,2
34.	0.	48.	57,6
35.	0.	50.	24,0
36.	0.	51.	50,4
37.	0.	53.	16,8
38.	0.	54.	43,2
39.	0.	56.	09,6
40.	0.	57.	36,0
41.	0.	59.	02,4
42.	1.	00.	28,8
43.	1.	01.	55,2
44.	1.	03.	21,6
45.	1.	04.	48,0
46.	1.	06.	14,4
47.	1.	07.	40,8
48.	1.	09.	07,2
49.	1.	10.	33,6
50.	1.	12.	00,0
51.	1.	13.	26,4
52.	1.	14.	52,8
53.	1.	16.	19,2
54.	1.	17.	45,6
55.	1.	19.	12,0
56.	1.	20.	38,4
57.	1.	22.	04,8
58.	1.	23.	31,2
59.	1.	24.	57,6
60.	1.	26.	24,0
61.	1.	27.	50,4
62.	1.	29.	16,8
63.	1.	30.	43,2
64.	1.	32.	09,6
65.	1.	33.	36,0
66.	1.	35.	02,4
67.	1.	36.	28,8
68.	1.	37.	55,2
69.	1.	39.	21,6
70.	1.	40.	48,0
71.	1.	42.	14,4
72.	1.	43.	40,8
73.	1.	45.	07,2
74.	1.	46.	33,6
75.	1.	48.	00,0
76.	1.	49.	26,4
77.	1.	50.	52,8
78.	1.	52.	19,2
79.	1.	53.	45,6
80.	1.	55.	12,0
81.	1.	56.	38,4
82.	1.	58.	04,8
83.	1.	59.	31,2
84.	2.	00.	57,6
85.	2.	02.	24,0
86.	2.	03.	50,4
87.	2.	05.	16,8
88.	2.	06.	43,2
89.	2.	08.	09,6
90.	2.	09.	36,0
91.	2.	11.	02,4
92.	2.	12.	28,8
93.	2.	13.	55,2
94.	2.	15.	21,6
95.	2.	16.	48,0
96.	2.	18.	14,4
97.	2.	19.	40,8
98.	2.	21.	07,2
99.	2.	22.	33,6
100.	2.	24.	00,0

POUR LES SECONDES.

Décim. Sec.	Sexagésim. M.	S.
1.	0.	00,86
2.	0.	01,73
3.	0.	02,59
4.	0.	03,46
5.	0.	04,32
6.	0.	05,18
7.	0.	06,05
8.	0.	06,91
9.	0.	07,78
10.	0.	08,64
11.	0.	09,50
12.	0.	10,37
13.	0.	11,23
14.	0.	12,10
15.	0.	12,96
16.	0.	13,82
17.	0.	14,69
18.	0.	15,55
19.	0.	16,42
20.	0.	17,28
21.	0.	18,14
22.	0.	19,01
23.	0.	19,87
24.	0.	20,74
25.	0.	21,60
26.	0.	22,46
27.	0.	23,33
28.	0.	24,19
29.	0.	25,06
30.	0.	25,92
31.	0.	26,78
32.	0.	27,65
33.	0.	28,51
34.	0.	29,38
35.	0.	30,24
36.	0.	31,10
37.	0.	31,97
38.	0.	32,83
39.	0.	33,70
40.	0.	34,56
41.	0.	35,42
42.	0.	36,29
43.	0.	37,15
44.	0.	38,02
45.	0.	38,88
46.	0.	39,74
47.	0.	40,61
48.	0.	41,47
49.	0.	42,34
50.	0.	43,20
51.	0.	44,06
52.	0.	44,93
53.	0.	45,79
54.	0.	46,66
55.	0.	47,52
56.	0.	48,38
57.	0.	49,25
58.	0.	50,11
59.	0.	50,98
60.	0.	51,84
61.	0.	52,70
62.	0.	53,37
63.	0.	54,43
64.	0.	55,30
65.	0.	56,16
66.	0.	57,02
67.	0.	57,89
68.	0.	58,75
69.	0.	59,62
70.	1.	00,48
71.	1.	01,34
72.	1.	02,21
73.	1.	03,07
74.	1.	03,94
75.	1.	04,80
76.	1.	05,66
77.	1.	06,53
78.	1.	07,39
79.	1.	08,26
80.	1.	09,12
81.	1.	09,99
82.	1.	10,85
83.	1.	11,71
84.	1.	12,58
85.	1.	13,44
86.	1.	14,31
87.	1.	15,17
88.	1.	16,03
89.	1.	16,90
90.	1.	17,76
91.	1.	28,63
92.	1.	19,49
93.	1.	20,35
94.	1.	21,22
95.	1.	22,08
96.	1.	22,95
97.	1.	23,81
98.	1.	24,67
99.	1.	25,54
100.	1.	26,40

TABLE VI. *Pour convertir le TEMPS ANCIEN en Parties du CERCLE DÉCIMAL.* (Voyez Pag. 117 et 127.)

POUR LES HEURES.

Heur.	Deg. Décim.
1.	16 , 66 66 67
2.	33 , 33 33 33
3.	50 , 00 00 00
4.	66 , 66 66 67
5.	83 , 33 33 33
6.	100 , 00 00 00
7.	116 , 66 66 67
8.	133 , 33 33 33
9.	150 , 00 00 00
10.	166 , 66 66 67
11.	183 , 33 33 33
12.	200 , 00 00 00
13.	216 , 66 66 67
14.	233 , 33 33 33
15.	250 , 00 00 00
16.	266 , 66 66 67
17.	283 , 33 33 33
18.	300 , 00 00 00
19.	316 , 66 66 67
20.	333 , 33 33 33
21.	350 , 00 00 00
22.	366 , 66 66 67
23.	383 , 33 33 33
24.	400 , 00 00 00

Note pour la TABLE VII.

Pour avoir exactement la valeur des SECONDES, écrivez, à la suite du nombre donné par la TABLE, les décimales de SECONDE de la Ligne correspondante des MINUTES: ainsi, pour 96[Sec.], au lieu de 2″,07, vous aurez 2″,0736; et ainsi des autres.

POUR LES MINUTES.

Min.	Deg. Décim.	Min.	Deg. Décim.
1.	0 , 27 77 78	31.	8 , 61 11 11
2.	0 , 55 55 56	32.	8 , 88 88 89
3.	0 , 83 33 33	33.	9 , 16 66 67
4.	1 , 11 11 11	34.	9 , 44 44 44
5.	1 , 38 88 89	35.	9 , 72 22 22
6.	1 , 66 66 67	36.	10 , 00 00 00
7.	1 , 94 44 44	37.	10 , 27 77 78
8.	2 , 22 22 22	38.	10 , 55 55 56
9.	2 , 50 00 00	39.	10 , 83 33 33
10.	2 , 77 77 78	40.	11 , 11 11 11
11.	3 , 05 55 56	41.	11 , 38 88 89
12.	3 , 33 33 33	42.	11 , 66 66 67
13.	3 , 61 11 11	43.	11 , 94 44 44
14.	3 , 88 88 89	44.	12 , 22 22 22
15.	4 , 16 66 67	45.	12 , 50 00 00
16.	4 , 44 44 44	46.	12 , 77 77 78
17.	4 , 72 22 22	47.	13 , 05 55 56
18.	5 , 00 00 00	48.	13 , 33 33 33
19.	5 , 27 77 78	49.	13 , 61 11 11
20.	5 , 55 55 56	50.	13 , 88 88 89
21.	5 , 83 33 33	51.	14 , 16 66 67
22.	6 , 11 11 11	52.	14 , 44 44 44
23.	6 , 38 88 89	53.	14 , 72 22 22
24.	6 , 66 66 67	54.	15 , 00 00 00
25.	6 , 94 44 44	55.	15 , 27 77 78
26.	7 , 22 22 22	56.	15 , 55 55 56
27.	7 , 50 00 00	57.	15 , 83 33 33
28.	7 , 77 77 78	58.	16 , 11 11 11
29.	8 , 05 55 56	59.	16 , 38 88 89
30.	8 , 33 33 33	60.	16 , 66 66 67

POUR LES SECONDES.

Sec.	Deg. Décim.	Sec.	Deg. Décim.
1.	0 , 00 46 30	31.	0 , 14 35 19
2.	0 , 00 92 59	32.	0 , 14 81 48
3.	0 , 01 38 89	33.	0 , 15 27 78
4.	0 , 01 85 19	34.	0 , 15 74 07
5.	0 , 02 31 48	35.	0 , 16 20 37
6.	0 , 02 77 78	36.	0 , 16 66 67
7.	0 , 03 24 07	37.	0 , 17 12 96
8.	0 , 03 70 37	38.	0 , 17 59 26
9.	0 , 04 16 67	39.	0 , 18 05 56
10.	0 , 04 62 96	40.	0 , 18 51 85
11.	0 , 05 09 26	41.	0 , 18 98 15
12.	0 , 05 55 56	42.	0 , 19 44 44
13.	0 , 06 01 85	43.	0 , 19 90 74
14.	0 , 06 48 15	44.	0 , 20 37 04
15.	0 , 06 94 44	45.	0 , 20 83 33
16.	0 , 07 40 74	46.	0 , 21 29 63
17.	0 , 07 87 04	47.	0 , 21 75 93
18.	0 , 08 33 33	48.	0 , 22 22 22
19.	0 , 08 79 63	49.	0 , 22 68 52
20.	0 , 09 25 93	50.	0 , 23 14 81
21.	0 , 09 72 22	51.	0 , 23 61 11
22.	0 , 10 18 52	52.	0 , 24 07 41
23.	0 , 10 64 81	53.	0 , 24 53 70
24.	0 , 11 11 11	54.	0 , 25 00 00
25.	0 , 11 57 41	55.	0 , 25 46 30
26.	0 , 12 03 70	56.	0 , 25 92 59
27.	0 , 12 50 00	57.	0 , 26 38 89
28.	0 , 12 96 30	58.	0 , 26 85 19
29.	0 , 13 42 59	59.	0 , 27 31 48
30.	0 , 13 88 89	60.	0 , 27 77 78

TABLE VII. *Pour convertir les Parties du CERCLE DÉCIMAL en TEMPS ANCIEN.* (Voyez Pag. 117 et 127, et la Note de la Page précéd.)

POUR LES DEGRÉS.				POUR LES MINUTES.				POUR LES SECONDES.			
Deg.	H. M. S.	Deg.	H. M. S.	Min.	M. S.	Min.	M. S.	Sec.	S.	Sec.	S.
1.	0. 03. 36.	51.	3. 03. 36.	1.	0. 02,16	51.	1. 50,16	1.	0,02	51.	1,10
2.	0. 07. 12.	52.	3. 07. 12.	2.	0. 04,32	52.	1. 52,32	2.	0,04	52.	1,12
3.	0. 10. 48.	53.	3. 10. 48.	3.	0. 06,48	53.	1. 54,48	3.	0,06	53.	1,14
4.	0. 14. 24.	54.	3. 14. 24.	4.	0. 08,64	54.	1. 56,64	4.	0,09	54.	1,17
5.	0. 18. 00.	55.	3. 18. 00.	5.	0. 10,80	55.	1. 58,80	5.	0,11	55.	1,19
6.	0. 21. 36.	56.	3. 21. 36.	6.	0. 12,96	56.	2. 00,96	6.	0,13	56.	1,21
7.	0. 25. 12.	57.	3. 25. 12.	7.	0. 15,12	57.	2. 03,12	7.	0,15	57.	1,23
8.	0. 28. 48.	58.	3. 28. 48.	8.	0. 17,28	58.	2. 05,28	8.	0,17	58.	1,25
9.	0. 32. 24.	59.	3. 32. 24.	9.	0. 19,44	59.	2. 07,44	9.	0,19	59.	1,27
10.	0. 36. 00.	60.	3. 36. 00.	10.	0. 21,60	60.	2. 09,60	10.	0,22	60.	1,30
11.	0. 39. 36.	61.	3. 39. 36.	11.	0. 23,76	61.	2. 11,76	11.	0,24	61.	1,32
12.	0. 43. 12.	62.	3. 43. 12.	12.	0. 25,92	62.	2. 13,92	12.	0,26	62.	1,34
13.	0. 46. 48.	63.	3. 46. 48.	13.	0. 28,08	63.	2. 16,08	13.	0,28	63.	1,36
14.	0. 50. 24.	64.	3. 50. 24.	14.	0. 30,24	64.	2. 18,24	14.	0,30	64.	1,38
15.	0. 54. 00.	65.	3. 54. 00.	15.	0. 32,40	65.	2. 20,40	15.	0,32	65.	1,40
16.	0. 57. 36.	66.	3. 57. 36.	16.	0. 34,56	66.	2. 22,56	16.	0,35	66.	1,43
17.	1. 01. 12.	67.	4. 01. 12.	17.	0. 36,72	67.	2. 24,72	17.	0,37	67.	1,45
18.	1. 04. 48.	68.	4. 04. 48.	18.	0. 38,88	68.	2. 26,88	18.	0,39	68.	1,47
19.	1. 08. 24.	69.	4. 08. 24.	19.	0. 41,04	69.	2. 29,04	19.	0,41	69.	1,49
20.	1. 12. 00.	70.	4. 12. 00.	20.	0. 43,20	70.	2. 31,20	20.	0,43	70.	1,51
21.	1. 15. 36.	71.	4. 15. 36.	21.	0. 45,36	71.	2. 33,36	21.	0,45	71.	1,53
22.	1. 19. 12.	72.	4. 19. 12.	22.	0. 47,52	72.	2. 35,52	22.	0,48	72.	1,56
23.	1. 22. 48.	73.	4. 22. 48.	23.	0. 49,68	73.	2. 37,68	23.	0,50	73.	1,58
24.	1. 26. 24.	74.	4. 26. 24.	24.	0. 51,84	74.	2. 39,84	24.	0,52	74.	1,60
25.	1. 30. 00.	75.	4. 30. 00.	25.	0. 54,00	75.	2. 42,00	25.	0,54	75.	1,62
26.	1. 33. 36.	76.	4. 33. 36.	26.	0. 56,16	76.	2. 44,16	26.	0,56	76.	1,64
27.	1. 37. 12.	77.	4. 37. 12.	27.	0. 58,32	77.	2. 46,32	27.	0,58	77.	1,66
28.	1. 40. 48.	78.	4. 40. 48.	28.	1. 00,48	78.	2. 48,48	28.	0,60	78.	1,68
29.	1. 44. 24.	79.	4. 44. 24.	29.	1. 02,64	79.	2. 50,64	29.	0,63	79.	1,71
30.	1. 48. 00.	80.	4. 48. 00.	30.	1. 04,80	80.	2. 52,80	30.	0,65	80.	1,73
31.	1. 51. 36.	81.	4. 51. 36.	31.	1. 06,96	81.	2. 54,96	31.	0,67	81.	1,75
32.	1. 55. 12.	82.	4. 55. 12.	32.	1. 09,12	82.	2. 57,12	32.	0,69	82.	1,77
33.	1. 58. 48.	83.	4. 58. 48.	33.	1. 11,28	83.	2. 59,28	33.	0,71	83.	1,79
34.	2. 02. 24.	84.	5. 02. 24.	34.	1. 13,44	84.	3. 01,44	34.	0,73	84.	1,81
35.	2. 06. 00.	85.	5. 06. 00.	35.	1. 15,60	85.	3. 03,60	35.	0,76	85.	1,84
36.	2. 09. 36.	86.	5. 09. 36.	36.	1. 17,76	86.	3. 05,76	36.	0,78	86.	1,86
37.	2. 13. 12.	87.	5. 13. 12.	37.	1. 19,92	87.	3. 07,92	37.	0,80	87.	1,88
38.	2. 16. 48.	88.	5. 16. 48.	38.	1. 22,08	88.	3. 10,08	38.	0,82	88.	1,90
39.	2. 20. 24.	89.	5. 20. 24.	39.	1. 24,24	89.	3. 12,24	39.	0,84	89.	1,92
40.	2. 24. 00.	90.	5. 24. 00.	40.	1. 26,40	90.	3. 14,40	40.	0,86	90.	1,94
41.	2. 27. 36.	91.	5. 27. 36.	41.	1. 28,56	91.	3. 16,56	41.	0,89	91.	1,97
42.	2. 31. 12.	92.	5. 31. 12.	42.	1. 30,72	92.	3. 18,72	42.	0,91	92.	1,99
43.	2. 34. 48.	93.	5. 34. 48.	43.	1. 32,88	93.	3. 20,88	43.	0,93	93.	2,01
44.	2. 38. 24.	94.	5. 38. 24.	44.	1. 35,04	94.	3. 23,04	44.	0,95	94.	2,03
45.	2. 42. 00.	95.	5. 42. 00.	45.	1. 37,20	95.	3. 25,20	45.	0,97	95.	2,05
46.	2. 45. 36.	96.	5. 45. 36.	46.	1. 39,36	96.	3. 27,36	46.	0,99	96.	2,07
47.	2. 49. 12.	97.	5. 49. 12.	47.	1. 41,52	97.	3. 29,52	47.	1,02	97.	2,10
48.	2. 52. 48.	98.	5. 52. 48.	48.	1. 43,68	98.	3. 31,68	48.	1,04	98.	2,12
49.	2. 56. 24.	99.	5. 56. 24.	49.	1. 45,84	99.	3. 33,84	49.	1,06	99.	2,14
50.	3. 00. 00.	100.	6. 00. 00.	50.	1. 48,00	100.	3. 36,00	50.	1,08	100.	2,16

TABLES pour convertir en NOUVELLES MESURES les MESURES LINÉAIRES ANCIENNES en usage dans la MARINE, et réduire quelques-unes des NOUVELLES en ANCIENNES.

VIII. (P. 119 et 127.) — Pour les PIEDS.

Pieds.	MÈTRES.
1.	0,3248
2.	0,6497
3.	0,9745
4.	1,2994
5.	1,6242
6.	1,9490
7.	2,2739
8.	2,5987
9.	2,9236
10.	3,2484
100.	32,4839

IX. (P. 119 et 127.) — Pour les POUCES.

Pouces.	DÉCIMÈTRES
1.	0,271
2.	0,541
3.	0,812
4.	1,083
5.	1,353
6.	1,624
7.	1,895
8.	2,166
9.	2,436
10.	2,707
11.	2,978

X. (P. 119 et 127.) — Pour les LIGNES.

Lignes.	CENTIMÈT.
1.	0,226
2.	0,451
3.	0,677
4.	0,902
5.	1,128
6.	1,353
7.	1,579
8.	1,805
9.	2,030
10.	2,256
11.	2,481

XI. (P. 119 et 127.) — Pour les TOISES.

Toises.	MÈTRES.
1.	1,9490
2.	3,8981
3.	5,8471
4.	7,7961
5.	9,7452
6.	11,6942
7.	13,6433
8.	15,5923
9.	17,5413
10.	19,4904
100.	194,9036

XII. (P. 119 et 127.) — Pour les ENCABLURES.

Encâblur.	HECTOMÈTRES.
1.	1,94904
2.	3,89807
3.	5,84711
4.	7,79615
5.	9,74518
Quart.	0,48726
Tiers.	0,64968
Demie.	0,97452
2 Tiers.	1,29936
3 Quar.	1,46178

MESURES pour la Profondeur de la Mer. (Pages 104 à 110 — 118 et 119 — 127.)

Conversion des Anciennes en Nouvelles.   *Conversion des Nouvelles en Anciennes.*

XIII. (Pag. 119 et 127.)

Brass.	MÈTRES.	Brass.	MÈTRES.
1.	1,624	41.	66,592
2.	3,248	42.	68,216
3.	4,873	43.	69,841
4.	6,497	44.	71,465
5.	8,121	45.	73,089
6.	9,745	46.	74,713
7.	11,369	47.	76,337
8.	12,994	48.	77,962
9.	14,618	49.	79,586
10.	16,242	50.	81,210
11.	17,866	60.	97,452
12.	19,490	70.	113,694
13.	21,115	80.	129,936
14.	22,739	90.	146,178
15.	24,363	100.	162,420
16.	25,987	110.	178,662
17.	27,611	120.	194,904
18.	29,236	130.	211,146
19.	30,860	140.	227,388
20.	32,484	150.	243,630
21.	34,108	200.	324,839
22.	35,732		
23.	37,357		
24.	38,981		
25.	40,605		
26.	42,229	Qua.	0,406
27.	43,853	Tiers	0,541
28.	45,478	Dem.	0,812
29.	47,102	2 Ti.	1,083
30.	48,726	3 Qu.	1,218
31.	50,350		
32.	51,974		
33.	53,599		
34.	55,223		
35.	56,847		
36.	58,471		
37.	60,095		
38.	61,720		
39.	63,344		
40.	64,968		

XIV. 119. 127.

Pieds.	DÉCIM.
1.	3,25
2.	6,50
3.	9,75
4.	12,99
5.	16,24
6.	19,49
7.	22,74
8.	25,99
9.	29,24
10.	32,48
11.	35,73
12.	38,98
13.	42,23
14.	45,48
15.	48,73
16.	51,97
17.	55,22
18.	58,47
19.	61,72
20.	64,97
21.	68,22
22.	71,46
23.	74,71
24.	77,96
25.	81,21
Qua.	0,812
Tie.	1,083
Dem.	1,624
2 Ti.	2,166
3 Q.	2,436

XV. (119 et 127.)

Mètr.	BRASSES.	Metr.	BRASSES.
1.	0,616	31.	19,086
2.	1,231	32.	19,703
3.	1,847	33.	20,318
4.	2,463	34.	20,933
5.	3,078	35.	21,549
6.	3,694	36.	22,165
7.	4,310	37.	22,780
8.	4,926	38.	23,396
9.	5,541	39.	24,012
10.	6,157	40.	24,628
11.	6,773	41.	25,243
12.	7,388	42.	25,859
13.	8,004	43.	26,475
14.	8,620	44.	27,090
15.	9,235	45.	27,706
16.	9,851	46.	28,322
17.	10,467	47.	28,937
18.	11,082	48.	29,553
19.	11,698	49.	30,169
20.	12,314	50.	30,784
21.	12,929	60.	36,941
22.	13,545	70.	43,098
23.	14,161	80.	49,255
24.	14,777	90.	55,412
25.	15,392	100.	61,569
26.	16,008	150.	92,353
27.	16,624	200.	123,138
28.	17,239	250.	153,922
29.	17,855	300.	184,706
30.	18,471	350.	215,490

XVI. (119 et 127.)

Décim	PIEDS.	Décim	PIEDS.
1.	0,308	41.	12,622
2.	0,616	42.	12,929
3.	0,924	43.	13,237
4.	1,231	44.	13,545
5.	1,549	45.	13,853
6.	1,847	46.	14,161
7.	2,155	47.	14,469
8.	2,463	48.	14,777
9.	2,771	49.	15,084
10.	3,078	50.	15,392
11.	3,386	51.	15,700
12.	3,694	52.	16,008
13.	4,002	53.	16,316
14.	4,310	54.	16,624
15.	4,618	55.	16,931
16.	4,926	56.	17,239
17.	5,233	57.	17,547
18.	5,541	58.	17,855
19.	5,849	59.	18,163
20.	6,157	60.	18,471
21.	6,465	61.	18,778
22.	6,772	62.	19,086
23.	7,080	63.	19,394
24.	7,388	64.	19,702
25.	7,696	65.	20,010
26.	8,004	66.	20,318
27.	8,312	67.	20,624
28.	8,620	68.	20,933
29.	8,927	69.	21,241
30.	9,235	70.	21,549
31.	9,543	71.	21,857
32.	9,851	72.	22,165
33.	10,159	73.	22,473
34.	10,467	74.	22,780
35.	10,775	75.	23,088
36.	11,082	76.	23,396
37.	11,390	77.	23,704
38.	11,698	78.	24,012
39.	12,006	79.	24,320
40.	12,314	80.	24,628

TABLES pour convertir en MESURES NOUVELLES les ANCIENNES MESURES ITINÉRAIRES en usage dans la MARINE ; et réciproquement.

LIEUES MARINES et MILLES MARINS, en MYRIAMÈTRES, ou LIEUES DÉCIM.

XVII. (P. 120 et 128.) — **XVIII. (P. 120 et 128.)**

Lieues Marines.	Myriamètres ou Lieues Décim.	Milles Marins.	Myriamètres ou Lieues Décim.
1.	0,5556	1.	0,1852
2.	1,1111	2.	0,3704
3.	1,6667	3.	0,5556
4.	2,2222	4.	0,7407
5.	2,7778	5.	0,9259
6.	3,3333	6.	1,1111
7.	3,8889	7.	1,2963
8.	4,4444	8.	1,4815
9.	5,0000	9.	1,6667
10.	5,5556	10.	1,8519
11.	6,1111	11.	2,0370
12.	6,6667	12.	2,2222
13.	7,2222	13.	2,4074
14.	7,7778	14.	2,5926
15.	8,3333	15.	2,7778
16.	8,8889	16.	2,9630
17.	9,4444	17.	3,1481
18.	10,0000	18.	3,3333
19.	10,5556	19.	3,5185
20.	11,1111	20.	3,7037
30.	16,6667	27.	5,0000
40.	22,2222	30.	5,5556
50.	27,7778	40.	7,4074
60.	33,3333	50.	9,2593
70.	38,8889	54.	10,0000
80.	44,4444	60.	11,1111
90.	50,0000	70.	12,9630
100.	55,5556	80.	14,8148
180.	100,0000	90.	16,6667
1000.	555,5556	100.	18,5185
1800.	1000,0000	108.	20,0000
7200.	4000,0000	500.	92,5926
ou la circonférence de la TERRE.		540.	100,0000
		1000.	185,1852
		5400.	1000,0000
Quart.	0,1389	Quart.	0,0463
Tiers.	0,1852	Tiers.	0,0617
Demie.	0,2778	Demie.	0,0926
2 Tiers.	0,3704	2 Tiers.	0,1234
3 Quar.	0,4167	3 Quar.	0,1389

MYRIAMÈTRES, ou LIEUES DÉCIM., en LI. MARINES et en MILL. MARINS.

XIX. (120. 129.) — **XX. (120. 129.)**

Myriam. ou Li. Décim.	Lieues Marines.	Myriam. ou Li. Décim.	Milles Marins.
1.	1,8	1.	5,4
2.	3,6	2.	10,8
3.	5,4	3.	16,2
4.	7,2	4.	21,6
5.	9,0	5.	27,0
6.	10,8	6.	32,4
7.	12,6	7.	37,8
8.	14,4	8.	43,2
9.	16,2	9.	48,6
10.	18,0	10.	54,0
20.	36,0	20.	108,0
30.	54,0	30.	162,0
40.	72,0	40.	216,0
50.	90,0	50.	270,0
60.	108,0	60.	324,0
70.	126,0	70.	378,0
80.	144,0	80.	432,0
90.	162,0	90.	486,0
100.	180,0	100.	540,0

LIEUES MARINES en DEMI-MYRIAM., ou DEMI-LI. DÉCIM.

XXIII. (P. 121 et 132.)

Lieues Marines.	Demi-Myriam. ou Demi-Li. Déc.
1.	1,11
2.	2,22
3.	3,33
4.	4,44
5.	5,56
6.	6,67
7.	7,78
8.	8,89
9.	10,00
10.	11,11
Quart.	0,2778
Tiers.	0,3704
Demie.	0,5556
2 Tiers.	0,7407
3 Quarts.	0,8333

KILOMÈTRES, ou MILLES DÉCIM., en LI. MARINES et en MILL. MARINS.

XXI. (121. 130.) — **XXII. (121. 131.)**

Kilomètres ou Milles Dé.	Lieues Marines.	Kilomètres ou Milles Dé.	Milles Marins.
1.	0,18	1.	0,54
2.	0,36	2.	1,08
3.	0,54	3.	1,62
4.	0,72	4.	2,16
5.	0,90	5.	2,70
6.	1,08	6.	3,24
7.	1,26	7.	3,78
8.	1,44	8.	4,32
9.	1,62	9.	4,86
10.	1,80	10.	5,40
20.	3,60	20.	10,80
30.	5,40	30.	16,20
40.	7,20	40.	21,60
50.	9,00	50.	27,00
60.	10,80	60.	32,40
70.	12,60	70.	37,80
80.	14,40	80.	43,20
90.	16,20	90.	48,60
100.	18,00	100.	54,00
500.	90,00	1000.	540,00

DEMI-MYRIAMÈTRES ou DEMI-LI. DÉCIM. en LIEUES MARINES.

XXIV. (121. 132.)

Demi-Myr. ou De.-Li. Dé.	Lieues Marines.
1.	0,9
2.	1,8
3.	2,7
4.	3,6
5.	4,5
6.	5,4
7.	6,3
8.	7,2
9.	8,1
10.	9,0
20.	18,0
30.	27,0
40.	36,0
50.	45,0
60.	54,0
70.	63,0
80.	72,0
90.	81,0
100.	90,0
1000.	900,0

TABLE

TABLE

DES MATIÈRES

Contenues dans ce Volume.

.T

FIN de la Table du 1.ᵉʳ MÉMOIRE.

.T 2

FIN de la Table du 2.ᵉ MÉMOIRE.

IMPRIMÉ

Par les soins de P. D. DUBOY-LAVERNE, Directeur
de l'Imprimerie de la République.

AVIS AU RELIEUR.

Les deux CARTES seront placées à la fin du Volume, la CARTE GÉNÉRALE la première.

Il sera mis à l'une et à l'autre un Onglet de fond, afin qu'elles puissent sortir en entier hors du Livre.

Elles ne doivent point être battues, mais seulement mises en presse.

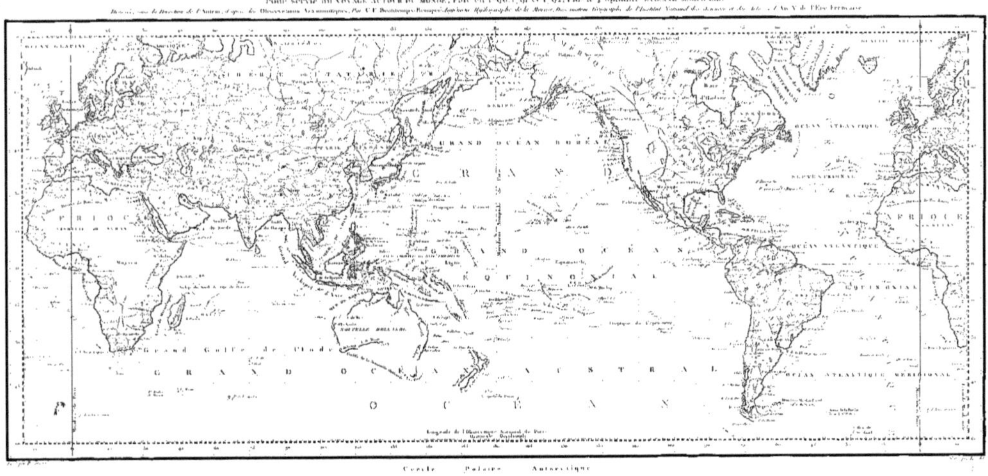

CARTE HYDROGRAPHIQUE
DES PARTIES CONNUES DU GLOBE, ENTRE LE SOIXANTE-DIXIEME PARALLELE AU NORD ET LE SOIXANTIEME AU SUD,
Pour servir au Voyage autour du Monde, Fait en 1790, 1791 et 1792, Par le Capitaine ETIENNE MARCHAND.
Dressée, sous la Direction de l'Auteur, d'après les Observations Astronomiques, Par C. F. Beautemps-Beaupré Ingénieur Hydrographe de la Marine, l'un membre Géographe de l'Institut National des Sciences et des Arts. l'An V. de l'Ere Française
OCÉAN GLACIAL
OCÉAN ATLANTIQUE
GRAND OCÉAN BORÉAL
G R A N D
AFRIQUE
AFRIQUE
GRAND OCÉAN EQUINOXIAL
OCÉAN EQUINOXIAL
OCÉAN ATLANTIQUE
NOUVELLE HOLLANDE
Grand Golfe de l'Inde
G R A N D   O C É A N   A U S T R A L
OCÉAN ATLANTIQUE MERIDIONAL
O C É A N
Longitude de l'Observatoire National de Paris
Cercle Polaire Antarctique
OCÉAN GLACIAL ANTARCTIQUE

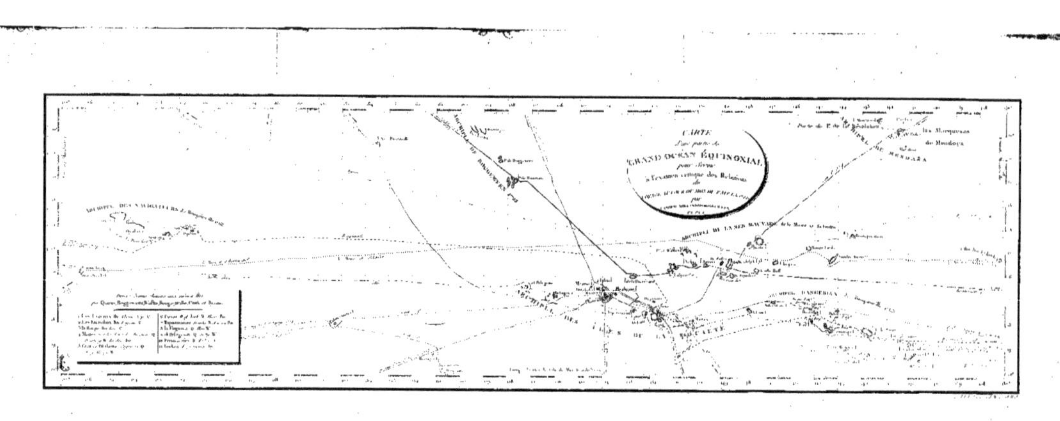

CARTE
d'une partie du
GRAND OCÉAN ÉQUINOXIAL
pour servir
à l'examen critique des Relations
de
les Marquises de Mendoça
ILES DES NAVIGATEURS
ARCHIPEL DE LA MER MAUVAISE
ARCHIPEL DES
LA BUCHET
ARCHIPEL DANGEREUX